U0186115

国家级实验教学示范中心系列规划教材

普通高等院校机械类“十一五”规划实验教材

机电一体化综合实验教程

JIDIAN YITIHUA ZONGHE SHIYAN JIAOCHENG

主编　庄熙星　郑　明

主审　陈富林

中国·武汉

内 容 提 要

本书是在总结南京航空航天大学国家机械实验教学示范中心多年教学经验的基础上编写的。教材编写的指导思想是通过综合实验来加深学生对机电一体化理论知识的理解，加强工程实践能力。本书中的一系列实验是从教学和科研中总结和提取出来的关键技术，通过机械机构的组合，主要包括能完成一定任务的机械装置、PLC应用、监控系统设计与开发、远程监控等内容。这些实验紧密结合机电一体化在机械工程的实际应用。

本书可作为机械类学生学习机电一体化实验课程的实验指导书，非机械类学生也可参考。

图书在版编目(CIP)数据

机电一体化综合实验教程/庄熙星　郑　明　主编. —武汉：华中科技大学出版社，2011.9
(2019.8重印)
ISBN 978-7-5609-7143-8

Ⅰ. 机…　Ⅱ. ①庄…　②郑…　Ⅲ. 机电一体化-实验-高等学校-教材　Ⅳ. TH-39

中国版本图书馆CIP数据核字(2011)第102602号

机电一体化综合实验教程　　　　庄熙星　郑　明　主编

策划编辑：万亚军
封面设计：潘　群
责任编辑：刘　飞
责任校对：李　琴
责任监印：张正林
出版发行：华中科技大学出版社(中国·武汉)　　电话：(027)81321913
　　　　　武汉市东湖新技术开发区华工科技园　　邮编：430223
录　　排：武汉楚海文化传播有限公司
印　　刷：北京虎彩文化传播有限公司
开　　本：787mm×1092mm　1/16
印　　张：5.75　插页：2
字　　数：140千字
印　　次：2019年8月第1版第4次印刷
定　　价：19.80元

序

知识来源于实践,能力来自于实践,素质更需要在实践中养成,各种实践教学环节对于培养学生的实践能力和创新能力尤其重要。一个不争的事实是,在高校人才培养工作中,当前的实践教学环节非常薄弱,严重制约了教学质量的进一步提高。这引起了教育工作者、企业界人士乃至普通百姓的广泛关注。如何积极改革实践教学内容和方法,制订合理的实践教学方案,建立和完善实践教学体系,成为高等工程教育乃至全社会的一个重要课题。

有鉴于此,“教育振兴行动计划”和“质量工程”都将国家级实验教学示范中心建设作为其重要内容之一。自2005年起,教育部启动国家级实验教学示范中心评选工作,拟通过示范中心实验教学的改进,辐射我国2000多万在校大学生,带动学生动手实践能力的提高。至今已建成219个国家级实验教学示范中心,涵盖16个学科,成果显著。机械学科至今也已建成14个国家级实验教学示范中心。应该说,机械类国家级实验教学示范中心建设是颇具成果的:各中心积极进行自身建设,软硬件水平都是国内机械实验教学的最高水平;积极带动所在省或区域各级机械实验教学中心建设,发挥辐射作用;成立国家级实验教学示范中心联席会机械学科组,利用这一平台,中心间交流与合作更加频繁,力争在示范辐射作用方面形成合力。

尽管如此,应该看到,作为实践教学的一个重要组成部分,实验教学依然还很薄弱,在政策、环境、人员、设备等方方面面还面临着许多困难,提高实验教学水平进而改变目前实践教学薄弱的现状,还有很多工作要做,国家级实验教学示范中心责无旁贷。近年来,高校实验教学的硬件设备都有较大的改善。与之相对应的是,实验教学在软的方面还亟待提高。就机械类实验教学而言,改进实验教学体系、开发创新性实验教学项目、加大实验教材建设这三点就成为当务之急。实验教学体系与理论教学体系相辅相成，但与理论教学体系随着形势发展不断调整相比，现有机械实验教学体系还相对滞后，实验项目还缺少设计性、创新性和综合性实验，实验教材也比较匮乏。

华中科技大学出版社在国家级实验教学示范中心联席会机械学科组的指导下，邀请机械类国家级实验教学示范中心，交流各中心实验教学改革经验和教材建设计划，确定编写这套《普通高等院校机械类“十一五”规划实验教材》，是一件非常有意义的事情，顺应了机械类实验教学形势的发展，可谓正当其时。其意义不仅在实验教材的编写出版满足了本校实验教学的需要。更因为经过多年的积累，各机械类国家级实验教学示范中心已开发出不少创新性实验教学项目，将其写入教材，既满足本校实验教学的需要，又展示了各中心创新性实验教学项目开发成果，更为我国机械类实验教学开发提供借鉴和参考，体现了示范中心的辐射作用。

国内目前机械类实验教学体系尚未形成统一的模式，基于目前情况，“普通高等院校机械类‘十一五’规划实验教材”提出以下出版思路：各国家级实验教学示范中心依据自身的实验教学体系，编写本中心的实验系列教材，构成一个子系列，各子系列教材再汇聚成《普通高等院校机械类“十一五”规划实验教材》丛书。以体现百花齐放，全面、集中地反映各机械类国家级实验教学示范中心的实验教学体系。此举对于国内机械类实验教学体系的形成，无疑将是非常有益的探索。

感谢参与和支持这批实验教材建设的专家们，也感谢出版这批实验教材的华中科技大学出版社的有关同志。我深信，这批实验教材必将在我国机械类实验教学发展中发挥巨大的作用，并占据其应有的地位。

国家级实验教学示范中心联席会机械学科组组长
《普通高等院校机械类“十一五”规划实验教材》丛书主编

2008 年 9 月

前　言

随着现代制造与控制技术的发展，机电一体化技术在工业中的应用越来越广泛。“机电一体化综合实验”就是为顺应现代高科技人才培训需求而设计开发的训练项目。该项目包括典型的机械运动机构、电子控制系统与计算机辅助教学软件三大部分，将机电一体化系统的各大要素：机械技术、电工电子技术、微电子技术、信息技术、传感测试技术、接口技术、信号变换技术等多种技术进行有机结合，并综合应用到实际项目中。

本课程的教学目的是要求学生初步具备机电一体化装置设计和控制能力，使学生尽快适应现代光、机、电技术的发展，成为具有机电一体化综合素质的新型人才和高级应用型人才。要求学生具备机电一体化装置的开发能力，能够运用计算机辅助设计(CAD)与虚拟现实(virtual reality)技术，掌握可编程序控制器的基本应用，构造机电一体化控制系统，具备电器接线、编程、调试及运行能力，能应用可视化应用软件(VB)或组态软件编程，实现远程监视和控制。

实验内容分为四大部分，共 11 个实验项目，根据不同的学时和不同的培训对象，可选择不同的实验。这四大部分分述如下。

(1) 机电一体化系统机械机构创意组合实验。通过实验，了解机电一体化系统机械机构的构建方法，增强动手实践能力。对应的实验有实验一(机电一体化机构创意组合实验)。

(2) 机电一体化控制实验。旨在了解机电一体化控制系统的基本原理，控制器、驱动器、传感器和变频器在机电一体化控制系统中的作用与地位，通过实验掌握机电一体化控制系统的设计方法，掌握变频器的典型应用、综合布线方法与控制程序的编制。对应的实验有：实验二(PLC 基础实验)；实验三(变频器应用实验)；实验四(物料传送单元控制实验)；实验五(滑块传动单元控制实验)；实验六(龙门式机械手控制实验)；实验七(步进电动机控制实验)；实验八(自动化装配实验)。

(3) PLC 与上位机通信实验。目的在于了解 PLC 与上位机通信的基本原理，并掌握用 Visual Basic 编制 PLC 与上位机实时通信程序的基本方法。对应的实验有：实验九(PLC 与计算机通信实验)。

(4) 机电设备可视化控制应用实验。应用 VB 或组态软件开发可视化应用软件，实现对自动化模型远程监视和控制。对应的实验有：实验十(物料传送(滑块传动)单元的远程监控实验)；实验十一(自主创意系统控制实验)。

由于作者编写经验不足，书中难免存在疏漏之处，恳请广大读者批评指正。

作　者

2011 年夏于南京明故宫校区

安全注意事项

警告1 在通电的同时不要试图拆卸任何单元，否则可能导致电击或损坏元器件。

警告2 在通电的同时不要触及任一端子或端子板，否则可能导致电击。

警告3 在通电的同时不要试图拆卸、修理或修改任一单元，否则可能导致误动作、火灾或电击。

警告4 为了防止因PLC误动作，或其他影响PLC操作的外部因素引起PLC不正常时保证系统安全，在PLC外部电路中（即不在PLC中）要设有安全措施，否则可能会导致严重事故。

注意1 确保相关产品的额定值和性能特性足以满足应用系统、机械和装置的要求，并务必给应用系统、机械和装置提供双重安全机构。

注意2 在通电前，对所有接线进行认真检查，不正确的接线可能导致燃烧。

注意3 用户程序在实际运行前，为了正确执行要对仪器进行仔细检查、仿真，确保正确无误，否则可能导致不可预料的动作。

目　录

机电一体化综合实验系统平台简介

1. 机电一体化创意实验系统基本组成

“机电一体化创意实验系统”是南京航空航天大学联合香港理工大学工业中心为适应现代高科技人才培训需求而开发的教学训练设备。该系统包括典型的机械运动机构、电子控制系统与计算机辅助教学软件三大部分，将机电一体化系统的五大要素：控制器(controller)、计算机网络(network)、传感器(sensor)、驱动器(actuator)、机械机构(mechanism)等运用系统集成技术实现整合。实验系统机电相结合，软件硬件相结合，运用了计算机辅助设计(CAD)与虚拟现实(virtual reality)技术。运用该实验系统可增强学生在机电信息一体化方面的感性认识，加深对相关技术和知识的理解，对提高学生综合应用能力具有积极的作用。在该实验系统上既可以进行演示实验，也可以供学生进行自动化生产线设计、拆装、电气接线、PLC 应用和可视化控制应用(VB 或组态软件)等实验，是一个综合性很强、培养学生创新意识的教学实验系统，图 0-1 所示为机电一体化创意基础实验单元，包括了典型的机械传动机构、电子控制系统与计算机辅助教学软件。典型机械传动包括齿轮减速机构、行星减速机构、传送带、丝杠螺母机构等，驱动单元有变频电动机驱动单元、步进电动机驱动单元等。

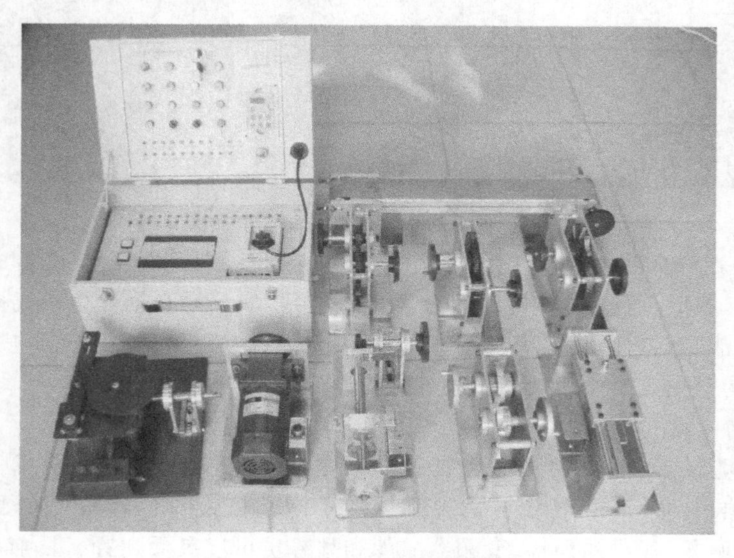

图 0-1　机电一体化创意基础实验单元

本实验系统具有良好的拓展功能。为加深对机电一体化技术的理解和提高综合应用的能力,系统提供相应的实验模块。图 0-2 所示为一个二自由度的物料传送机械手与传送带组合形成的物料自动化传送系统。图 0-3 所示的是在图 0-2 的基础上进一步扩展形成的柔性自动化零件分拣和装配实验系统。

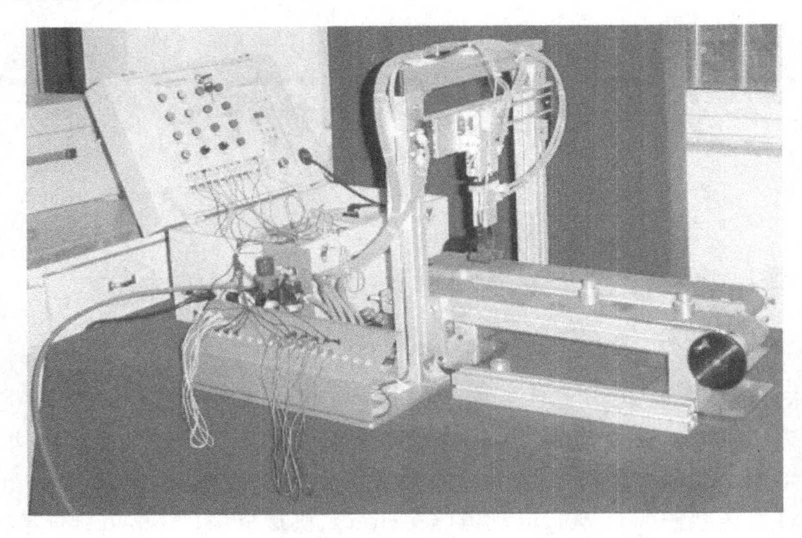

图 0-2　二自由度物料传送机械手与物料自动化传送系统

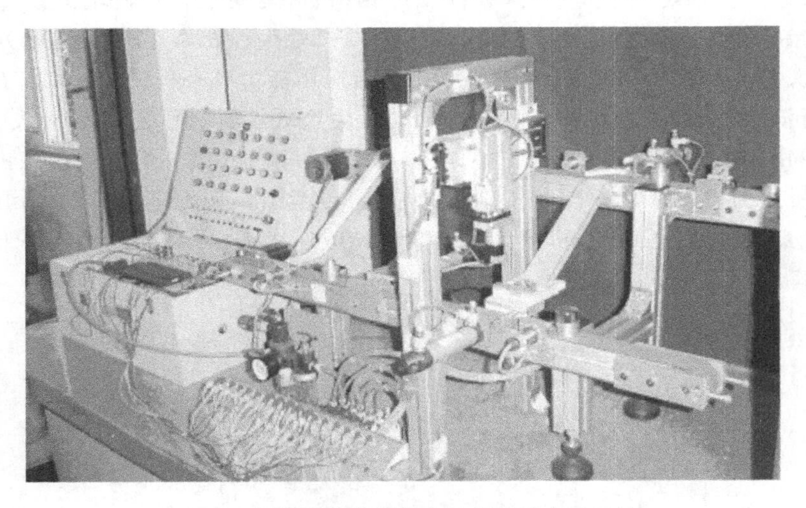

图 0-3　柔性自动化零件分拣与装配实验系统

本实验系统采用模块化、标准化设计,可根据每个学生的不同创意,拼装成不同的自动化生产线模型系统,然后,通过编制 PLC 程序和电气接线,实施对自动化生产线模型的控制。本实验系统方便灵活、创意性强、可靠实用、实验拓展空间大,不但可以进行机电一体化单机控制实验,还具有重构与集成实验的功能。系统的标准配置如下。

1) 柔性控制单元

将 PLC、变频器或步进电动机驱动单元、低压电器等集成于控制箱,形成一个柔性的控制系统。学生通过自行接线,可灵活应用控制器的不同端口。PLC 的品牌和型号可以灵活配置,如西门子、欧姆龙、三菱系列等;变频器品牌和型号也可以灵活配置。目前标准配置的控制单元有两个系列,即

(1) MES-01 柔性控制系统：由 PLC、变频器和低压电器等组成，如图 0-4 所示。

(2) MES-02 柔性控制系统：由 PLC、直流步进驱动单元和低压电器等组成，如图 0-5 所示。

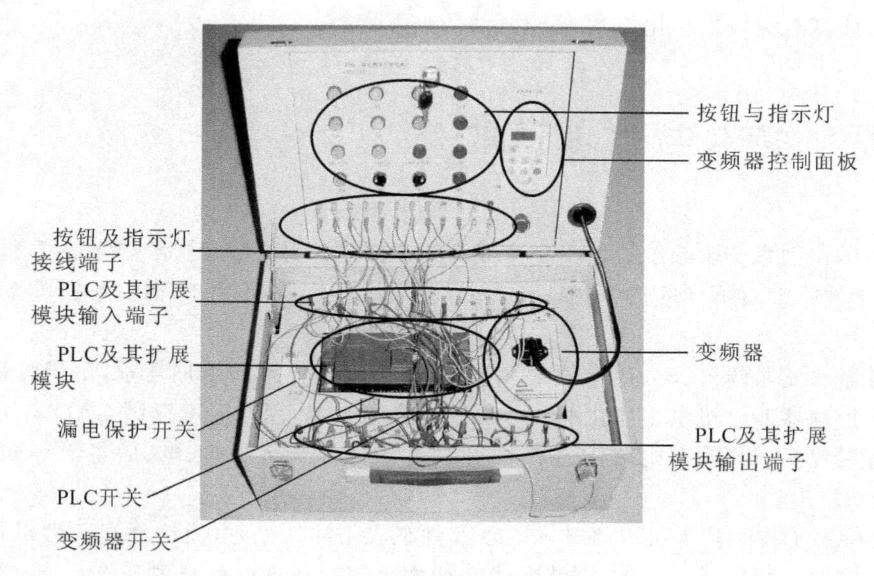

图 0-4 MES-01 控制单元外观

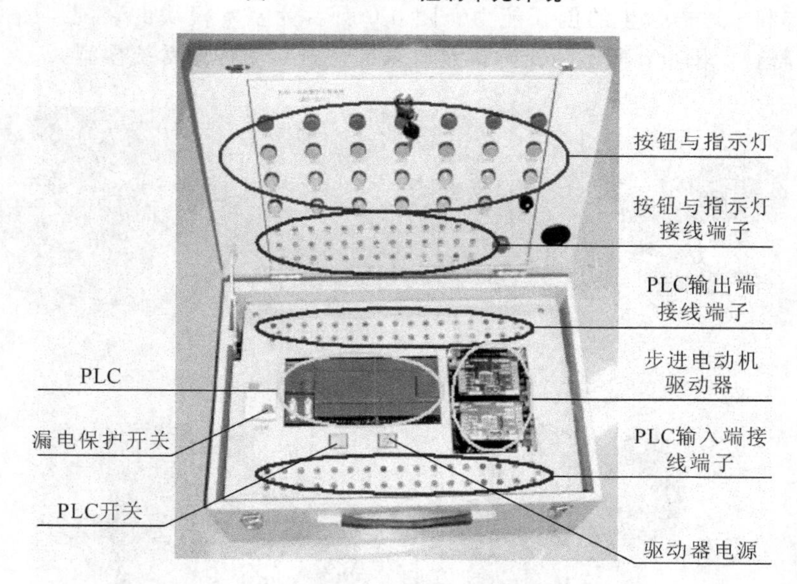

图 0-5 MES-02 控制单元外观

控制单元选用件有模拟量控制单元，旋转编码器（测速或位移用），以及各类传感器。

2) 驱动单元

(1) 交流伺服驱动单元：功率 300 W，交流电压 220 V。

(2) 步进电动机驱动单元：直流步进电动机，步进电动机驱动器。

3) 典型机械机构

普通减（增）速单元、行星减速单元、间隙运动机构、传送带、直线滑动机构、丝杠驱动机构等。

4）PLC 编程软件

5）计算机辅助教学系统

系统运用计算机辅助设计（CAD）软件、计算机辅助教学（CAE）软件，利用了虚拟现实（VR）技术、计算机网络信息化技术等。

2. 系统特点与技术性能

机电一体化创意实验系统有助于学生提高知识综合运用能力、技术创新能力和动手实践能力；有助于教师针对不同的训练对象和要求，灵活组织实验项目。因此，本实验系统具有以下特点。

（1）实验系统强调机、电、信息技术一体化，适应高新技术的培训需求，不但将机构、传感器、驱动器、控制器四个机电一体化的核心内容整合在一起，而且还可以同 CAD、CAE、VR、信息化技术等现代高新技术有机结合起来，强化训练学生综合运用机、电、信息学等知识的综合能力。

（2）实验系统在结构上可以将基本的零部件组成不同的模块，模块之间还可以相互组合，灵活方便。同时也可以进行分布式控制，由一台中央控制计算机控制多个单元，形成分布式控制模式，这样有利于培养学生的创新能力。图 0-6 所示为基本模块的装配。图 0-7 所示为两个模块之间的整合。图 0-8 所示为实际构建出来的物料自动传送系统模型。

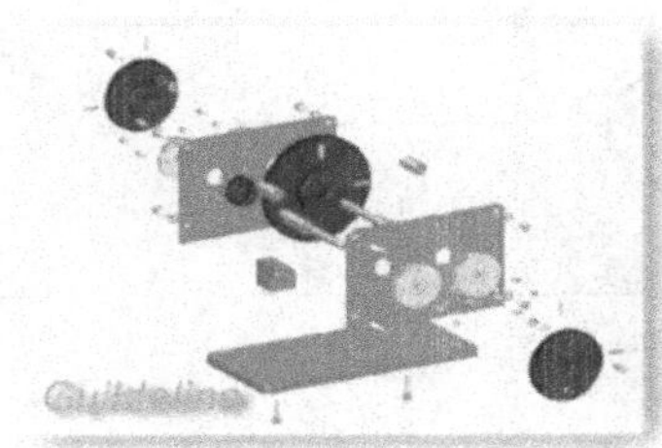

图 0-6　基本模块的装配

图 0-7　两个部件的整合

（3）实验系统强调培养动手能力，学生在实验中可充分体验机械部分的设计、装配和电气部分的设计与接线，控制系统设计与程序编写等实际操作过程。这无疑对提高学生独立从事科学研究和工程设计的能力是非常有益的。

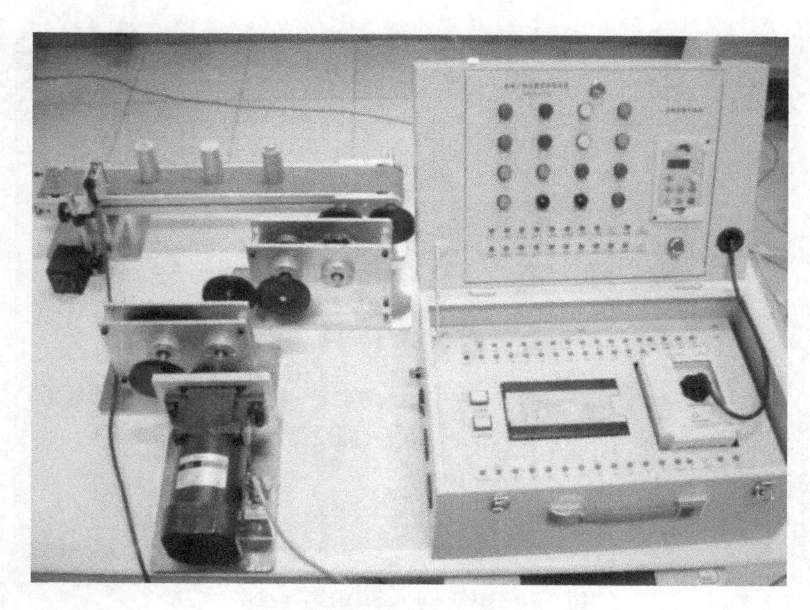

图 0-8 物料自动传送系统模型

(4) 在训练项目上,可按照训练目的和时间的不同灵活组织,伸缩性强。

(5) 实验系统配有基础零部件库和样板实验模块,提供了拓展的基础;采用虚拟现实技术的计算机辅助教学软件,使得实验系统更易使用,培训效果更佳。图 0-9 所示为样板实验提供的可视化人机控制界面。

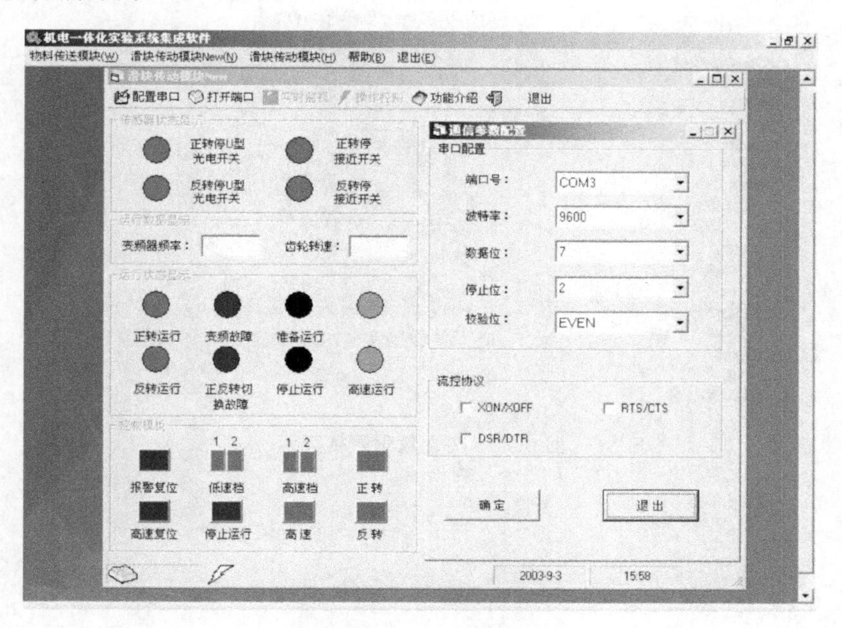

图 0-9 可视化人机控制界面

(6) 系统具有远程控制功能,用户只要通过 Internet,可远程操作和控制系统的运行,进行网上远程监控实验,如图 0-10 所示。

(7) 提供实验系统教学实验网站,便于学生自学和资料查询,图 0-11 所示为实验教学网站页面,动画模拟机构装配过程。

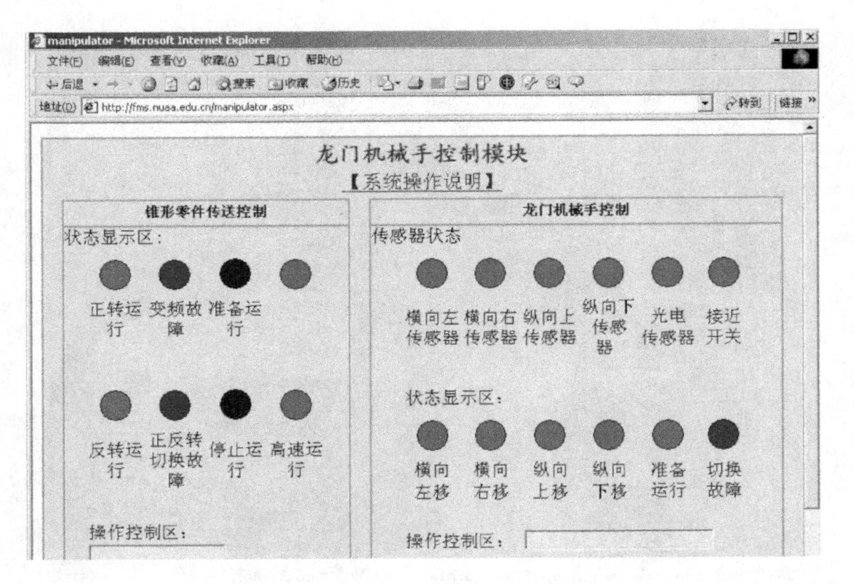

图 0-10　基于 Internet 的远程控制

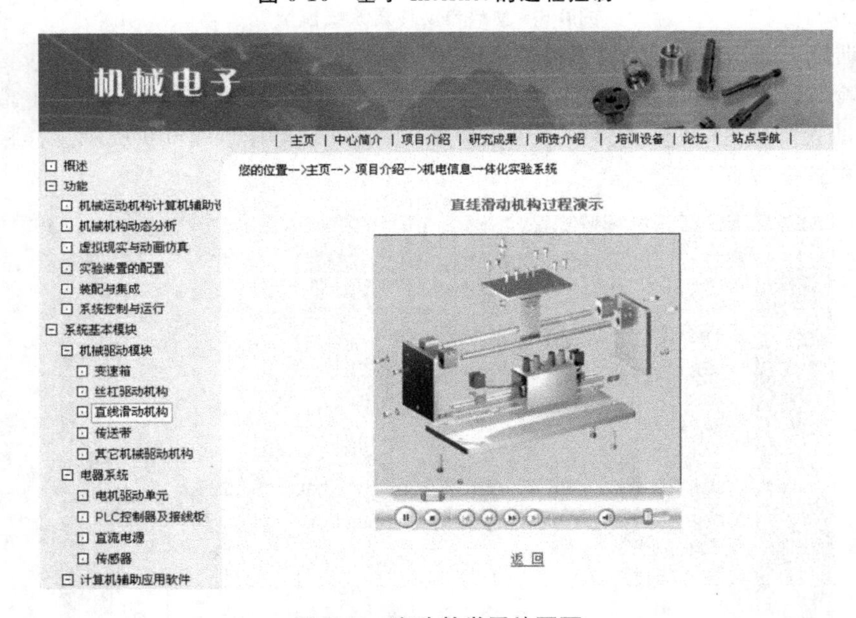

图 0-11　实验教学网站页面

机电一体化机构创意组合实验

1. 实验目的

机械技术是一门实践性很强的课程，是机械理论与日常生产活动中经验的综合应用。因此，要学好这门课程，在掌握理论知识的同时，更应该注重动手实践。

随着机械制造向着信息化、自动化、智能化方向的发展，电子技术、控制技术和信息技术被广泛应用到机械领域，与机械技术彼此相互渗透，相互融合，形成了机电一体化这一多学科综合的高新技术。与传统机械相比，机电一体化系统中添加了控制器和传感器。这样，它不但使机构拥有了对环境的感知力，还可通过控制系统对它实施控制。

本实验安排了多个典型机构的装配训练，目的是为提高学生的动手能力。同时，在完成机构的零部件装配和调试的过程中，进一步深化学生对机构的机械特性、运动特性及其工作原理的理解，并且促使其多角度地思考在进行机构设计时应注意的问题，使得今后设计出的机械产品，除了能够实现机械运动和动力要求外，还要考虑其便于加工，便于装配、拆卸和维修等要求。

2. 实验器材

- 变速箱　　若干
- 丝杠驱动机构　　若干
- 直线滑动机构　　若干
- 间隙机构　　若干
- 传送带　　若干
- 驱动单元　　若干
- 传感器(光电传感器、U 形光电开关、接近开关)　　若干

3. 实验内容

本实验的主要内容是了解变速箱、丝杠驱动机构、直线滑动机构、间隙机构、传送带等执行

机构的特点和功能，完成典型机械机构的装配和传感元件的安装。在完成单个机构装配和调试的基础之上，将它们按照一定的创意整合起来，完成特定的功能。

(1) 完成1～2个典型的机构(变速箱、丝杠驱动机构、直线滑动机构、间隙机构、传送带等)的装配和传感器的安装。

(2) 完成一个创意组合，如滑块传动机构或间隙物料传送机构的安装调试。

4. 实验步骤

(1) 领取实验零部件和装配手册，按照手册清点零件种类及数量，认真阅读装配说明书。

(2) 按照装配说明书上所示的步骤进行组装，注意每安装一个零部件都需要进行验证，以确保安装的正确性，完成机构的装配、传感器的安装和机构创意组合的安装调试。

5. 实验报告要求

(1) 本次实验需要使用哪些典型机构，写出它们的功能特点。

(2) 设计一个新的机构创意组合，并进行分析。

PLC 基础实验

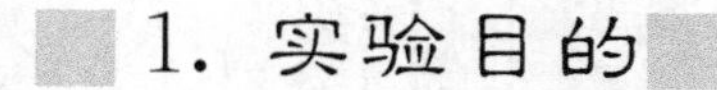

1. 实验目的

本实验主要是针对没有学过 PLC 的学生开设的，它是后面要进行的机电一体化控制实验的基础。对于已学过 PLC 的同学，本实验可起到帮助复习和重新认识的作用。本次实验的目的如下。

(1) 通过实验了解和熟悉 PLC 的结构和外部接线方法。

(2) 了解和熟悉编程软件 CX-Programmer 的使用方法。

(3) 掌握简单程序的写入、编辑、监视和运行的方法，熟悉 PLC 的基本指令，掌握定时器、计数器、跳转、数据比较、数据移位、数据传送、置位复位和锁存寄存器等常用指令的功能和使用方法。

2. 实验器材

- 机电一体化系统电气控制箱　　一台
- 可供编程的计算机　　一台
- PLC 和计算机连接的编程电缆　　一根
- 连接导线　　若干

3. PLC 简介

可编程序逻辑控制器(programmable logic controller，PLC)是一种集计算机技术、自动控制技术、通信技术为一体的新型自动控制装置。它具有体积小、通用性强、编程简单、使用方便灵活、维护方便等特点，特别是它的高可靠性和较强的适应恶劣工业环境的能力，得到了用户的公认和好评，已成为一种极为普及的高可靠性工业自动化现场控制设备。PLC 不仅可完成逻辑控制、定时、计数等顺序控制功能，还可实现模拟量控制、位置控制、状态显示、联网通信等，广泛应用于轻工、机械、冶金、化工、电力等各个领域，是现代工业自动化不可缺少的控制装置。不同生产厂家生产的PLC有所区别，但是其基本原理是相同的。为了配合本实验，通过欧姆龙(OMRON)公司生产的小型PLC CPM2A系列来介绍相关内容。

1) PLC的硬件组成

典型的PLC控制系统硬件组成如图2-1所示。

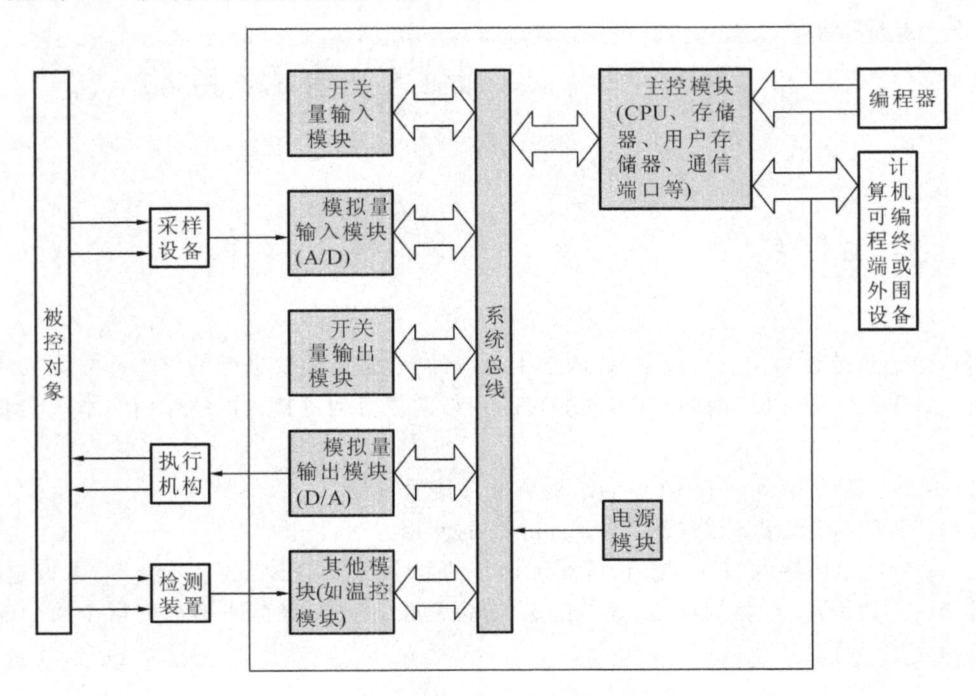

图2-1　PLC控制系统硬件组成框图

PLC主要由主控模块、输入/输出模块、电源模块等组成。主控模块包括CPU、存储器、用户存储器、通信端口等。下面对构成PLC的主要部分进行简要介绍。

(1) 主控模块。

PLC的各个组成模块均通过系统总线相互连接起来构成一个系统。在这个系统中最核心的模块是主控模块(CPU模块)，它包括CPU、存储器、通信端口等。

① CPU　它是PLC的控制中枢，它由控制器和运算器组成。控制器是用来统一指挥和控制PLC工作的部件；运算器是进行逻辑、算术等运算的部件。PLC在CPU的控制下使整个系统有条不紊地协调工作，以实现对现场设备的控制。

PLC所采用的CPU随机型的不同而不同，通常有三种：通用微处理器(如8086、80286等)、单片机芯片、位片式微处理器。

一般来说，小型机大多采用8位微处理器或单片机作为CPU，如Z80、8085、8031等。中型机大多采用16位微处理器或单片机作为CPU，如Intel 8086、Intel 96系列单片机等。大型机大多采用高速位片式单片机，它具有灵活性高、速度快、效率高等优点。

② 存储器　PLC中的存储器主要用于存放系统程序、用户程序和工作状态数据。

系统程序存储区：采用PROM或EPROM芯片存储器。它是由生产厂家直接存放的、永久存储的程序和指令称为监控程序。

用户程序存储区：用于存放用户通过编程器或计算机输入的应用程序。一般采用EPROM或EEPROM存储器，用户擦除后可重新编程。

工作状态数据存储区:工作状态数据是PLC运行过程中经常变化的、需要随机存储的一些数据。这些数据一般不需要长久保存,因此采用随机存储器RAM。

③ 通信端口 主控模块通常由一个或一个以上的通信端口,用以与计算机、编程器相连,实现编程、调试、运行、监控等功能。

(2) 输入/输出模块。

PLC的控制对象是工业生产过程,它与工业生产过程的联系是通过输入/输出模块来实现的。有数字量输入/输出模块、开关量输入/输出模块、模拟量输入/输出模块、交流信号输入/输出模块等多种型号。其中输出有三种形式:继电器输出型、晶体管输出型、双向晶闸管输出型。

(3) 电源模块。

该模块将交流电源转换成供CPU、存储器等运行所需的直流电源,是整个PLC系统的能源供给中心。它的好坏直接影响到PLC的功能和可靠性。有些PLC的电源除了供内部电路使用外,还向外部提供直流24 V的稳压电源,用于外部传感器的工作,这样就避免了因外部电源不合格而引起的外部故障。

2) PLC的软件组成

PLC的控制系统的软件主要有系统软件、应用软件、编程语言及编程支持工具软件几个部分组成。

(1) PLC系统软件与工作过程。

PLC系统软件是PLC工作所必需的软件。在系统软件的支持下,PLC对用户程序进行逐条解释,并加以执行,直到用户程序结束为止,然后返回到程序的开头又开始新一轮的扫描。PLC的这种工作方式就称为循环扫描。PLC采用循环扫描工作方式,只有扫描到触点时,才会动作,没有扫描到触点时,不会动作,并且PLC扫描一次的时间即扫描周期与用户程序的长短和扫描速度有关。一般为1毫秒至几十毫秒。图2-2是欧姆龙CPM2A系统PLC的工作过程和扫描周期示意图。

(2) 编程语言及编程支持工具软件。

PLC使用多种编程语言:梯形图语言,助记符语言,逻辑功能图语言,布尔代数语言和某些高级语言,使用最广泛的是梯形图和助记符语言。现在世界上的PLC生产厂家都研制了各自的PLC编程工具软件(如西门子的Step7,欧姆龙的CX-Programmer(CX-P)等)和监控软件。用户可以根据自己的需要利用这些软件来改善软件的开发环境,提高编程效率。

4. 实验内容

1) 熟悉机电一体化系统电控箱

本实验所采用的是欧姆龙CPM2A系列PLC组成的控制箱,结构如图2-3所示。

由图2-3可以看出,机电一体化系统电控箱的组成如下。

① PLC主机:PLC主机是欧姆龙的CPM2A型,它的输入/输出端口已经引到机电一体化系统电控箱的PLC及其扩展模块输入/输出端子上,输入/输出共40点,其中输入为24点,00000～00011和00100～00111,公共端为COM;输出为16点,01000～01007,01100～01107,对应的公共端分别是01000对应COM0,01001对应COM1,01002、01003对应COM2,

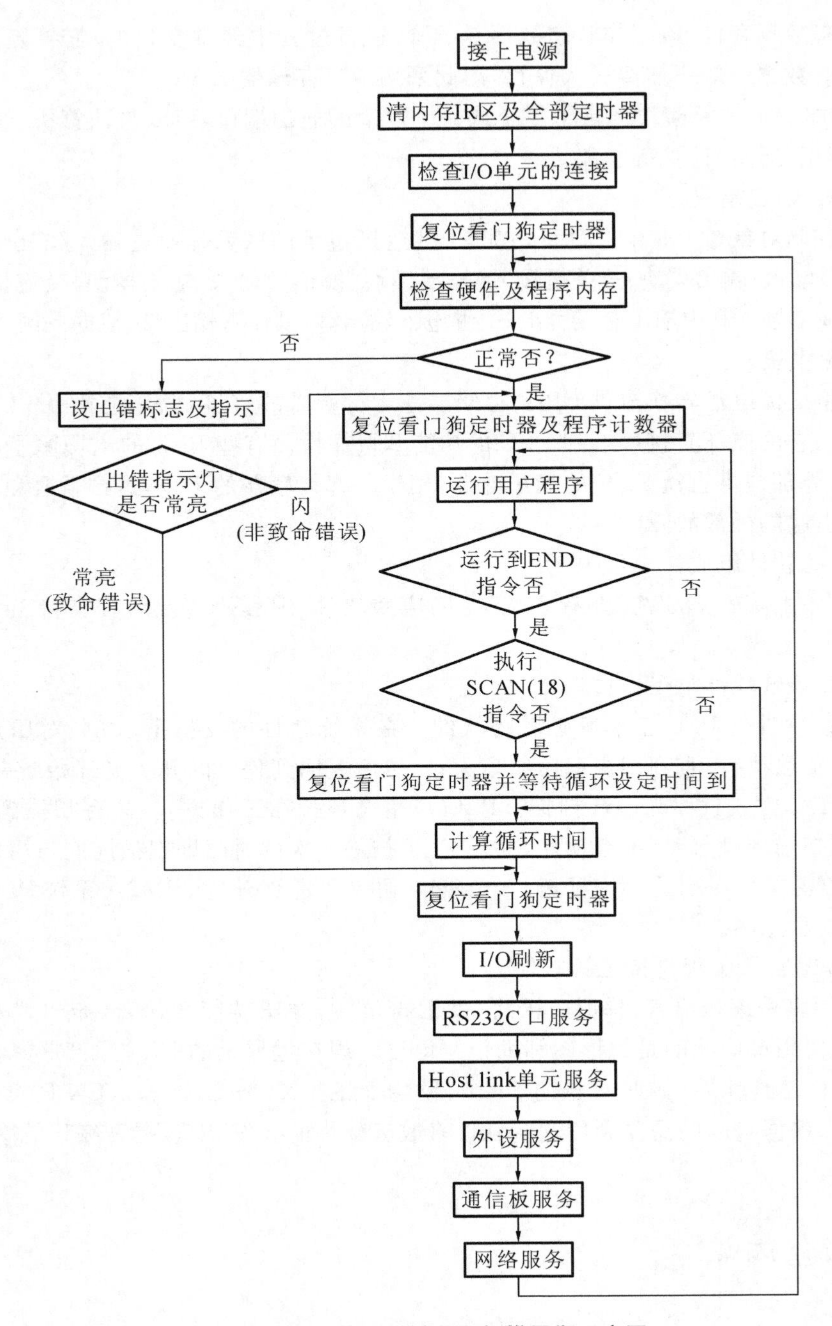

图 2-2 PLC 的工作过程和扫描周期示意图

01004～01007 对应 COM3，01100～01103 对应 COM4，01104～01107 对应 COM5。

② 交流电源部分：含有交流 220 V 输入插座、开关及保险丝座，为整个实验箱提供电源。

③ 输入按钮 6 个：SB1、SB2、SB3 为常开按钮；ST1、ST2、ST3 为常闭按钮。

④ 选择开关 2 个：SW1、SW2。

⑤ 输出信号灯 8 个：LP1～LP8。

⑥ 变频器选用的是艾默生公司的 TD 900，外加一个外接控制面板。

⑦ X1～X5 为变频器的控制端子，COM 为公共端。

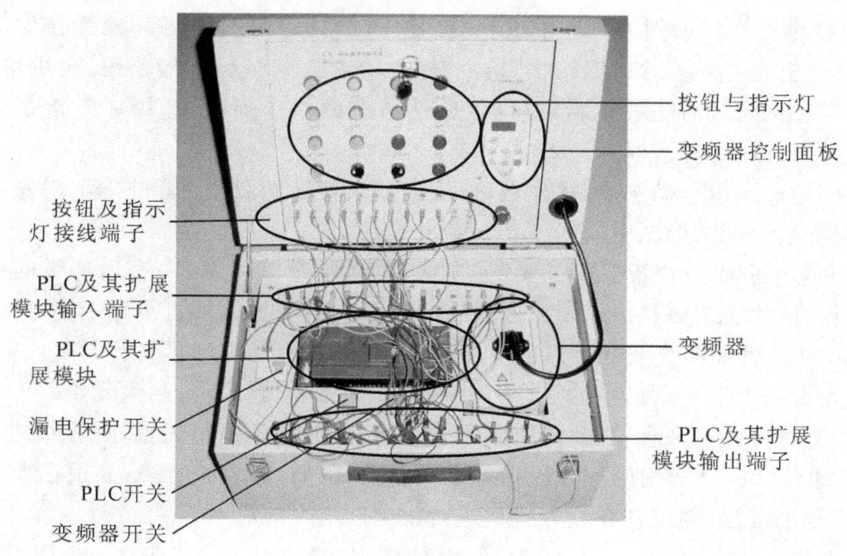

图 2-3 控制单元外观图

2）熟悉 CX-P 软件的基本操作

计算机辅助 PLC 编程既省时省力，又便于程序管理，具有简易编程器所无法比拟的优越性，是一种广泛运用的编程方式。

使用 CX-P 软件可以实现的功能有：梯形图或语句表编程，编译检查程序，数据和程序的上传、下载及比较，对 PLC 的设定区进行设置，对 PLC 的运行状态及内存数据进行监控和测试，打印程序清单等文档，文件管理等。

CX-P 使用标准 Microsoft Windows 的一些特性，对于熟悉 Windows 的人来说是非常方便的，下面简单介绍一下 CX-P 软件的使用方法。

① 双击 CX-P 图标，启动 CX-P。

② 单击“文件”菜单中的“新建”或“新建”的快捷按钮，出现“改变 PLC”对话框。

在“设备名称”中输入自己为 PLC 定义的名称。

在“设备型号”中选择 PLC 的系列，本实验装置应选择“CPM2 *”；单击“设置”按钮可进一步配置 CPU 型号，本实验装置应选择“CPU40”。

在“网络类型”中选择 PLC 的网络类型，本实验装置选择“SYSMAC WAY”，其他设置为默认值。

在“注释”中输入与此 PLC 相关的注释。

设置完毕后，单击“确定”按钮，则会显示 CX-P 的主窗口，表明建立了一个新工程，若单击“取消”按钮则放弃操作。

③ 在工程工作区中双击“段 1”，则显示出一个空的梯形图视图，此时可利用梯形图工具栏中的按钮来编辑梯形图程序。

单击“新建常开接点”按钮，将其放在 0 号梯级的开始位置，即出现“新的常开接点”对话框，在“地址和名称”中输入接触点的地址或名称，可以直接输入也可以在其下拉列表（表中为全局符号表和本地符号表中已有的符号）中选择符号；也可以定义一个新的符号，这时“地址或值”栏由灰变白，在此栏中输入相应的地址，如果不需要符号名称，可直接输入地址。

单击对话框中的“确定”按钮保存操作，此时在梯级边缘将显示一个红色的记号，这是因为该梯级还没编辑完，CX-P 认为是个错误。其他“新建常闭接点”和“新建线圈”的编辑方法同上。

④ 编辑指令。在梯形图工具栏中选择“新建 PLC 指令”按钮，将其放置在梯形图的合适位置上，此时会出现“指令”对话框。在“指令”栏中输入指令名称或指令码，也可单击“查找指令”按钮，“查找指令”对话框被显示，提供了所选机型的指令列表，选择一条指令后，单击“确定”按钮，又回到“指令”对话框。

“操作数”栏输入指令操作数，操作数可以是符号、地址和数值。单击“确定”按钮则完成操作，一条指令就添加到梯形图中。

⑤ 用“新建水平线”和“新建垂直线”来连接触点、指令和线圈，一直到梯级的边缘不再出现红色的记号，这才表明该梯级里面已经没有错误了。其他梯级均可按照上述方法编辑。

⑥ 另外，可以通过梯级上下文菜单中的命令，在所选梯级的上方或下方插入梯级；也可以通过梯形图元素的上下文菜单中的命令，插入行、插入元素、删除行、删除元素。

CX-P 的工作方式有两种：在离线方式下，CX-P 不与 PLC 进行通信；在在线方式下，CX-P 与 PLC 进行通信。究竟选用何种方式根据需要而定，例如，修改符号表，必须在离线方式下进行，而要监控程序运行，则应在在线方式下进行。

在工程工作区选中 PLC 后，单击 PLC 工具栏中的“在线工作”按钮，与 PLC 进行连接。将出现一个确认对话框，选择“是”按钮，由于在线时一般不允许编辑，所以程序变成灰色。单击 PLC 工具栏上的“传送到 PLC”按钮，将显示“下载选项”对话框，可以选择的项目有：程序、内存分配、设置和符号。按照需要选择后，单击“确定”按钮，出现“下载”窗口，当下载成功后，单击“确定”按钮，结束下载。

一旦程序运行，就可以对其进行监视。单击 PLC 工具栏中的“在线工作”按钮，使其与 PLC 连接；确定在在线工作状态下以后，单击 PLC 工具栏中的“切换 PLC 监视”按钮，可监视梯形图中数据的变化和程序的执行过程，再次单击此按钮，停止监视。

以上使用方法可参见 CP-X 随机的“帮助”功能。

3）基本逻辑指令练习

① 编辑、下载、执行图 2-4 至图 2-7 的程序。要求按住“SB1”或“ST1”按钮观察各输出点的执行结果，理解常开、常闭（物理和逻辑）的概念。

注意：“按下”是指按一下按钮就松开；“按住”是指按住按钮不松开；“SB1”为常开按钮；“ST1”为常闭按钮。

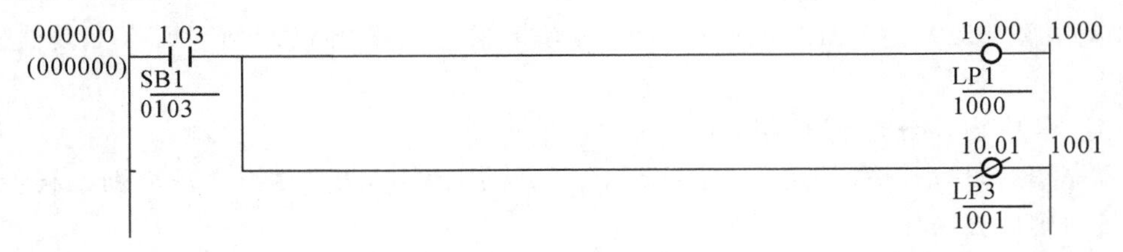

图 2-4 梯形图程序 1

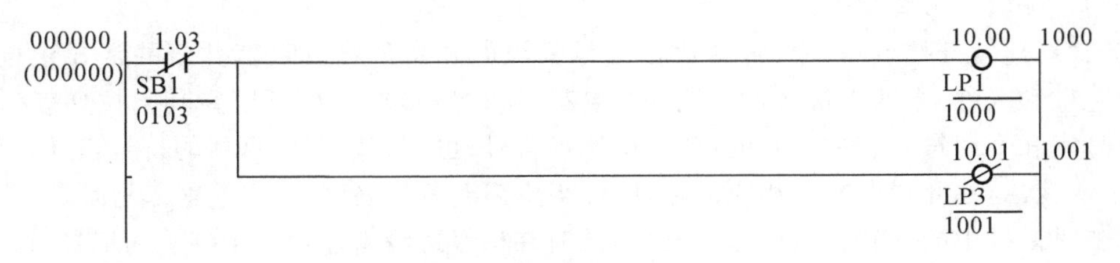

图 2-5 梯形图程序 2

000000 (000000)
1.02 ST1 0102
10.00 1000 LP1 1000
10.01 1001 LP3 1001

图 2-6　梯形图程序 3

000000 (000000)
1.02 ST1 0102
10.00 1000 LP1 1000
10.01 1001 LP3 1001

图 2-7　梯形图程序 4

② 编辑、下载、执行图 2-8、图 2-9 的程序。要求分别按下“SB1”、“SB2”、“SB3”按钮观察各输出点的执行结果，理解自保（自锁）、互保（互锁）概念。

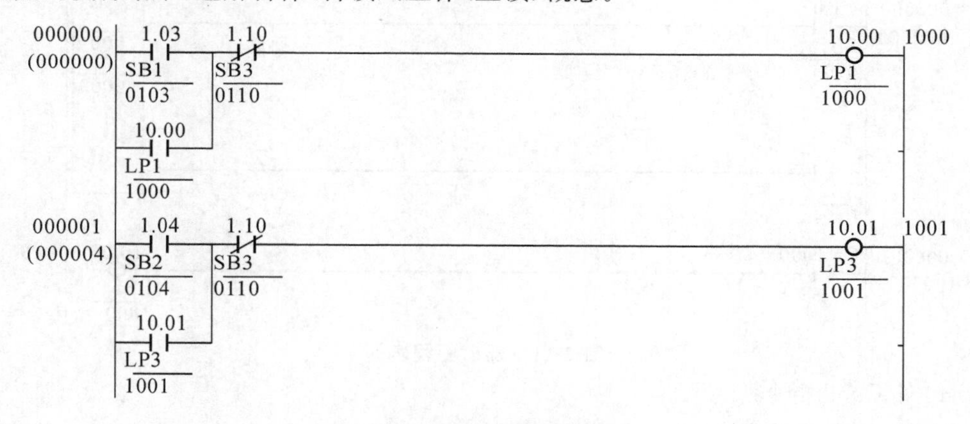

图 2-8　梯形图程序 5

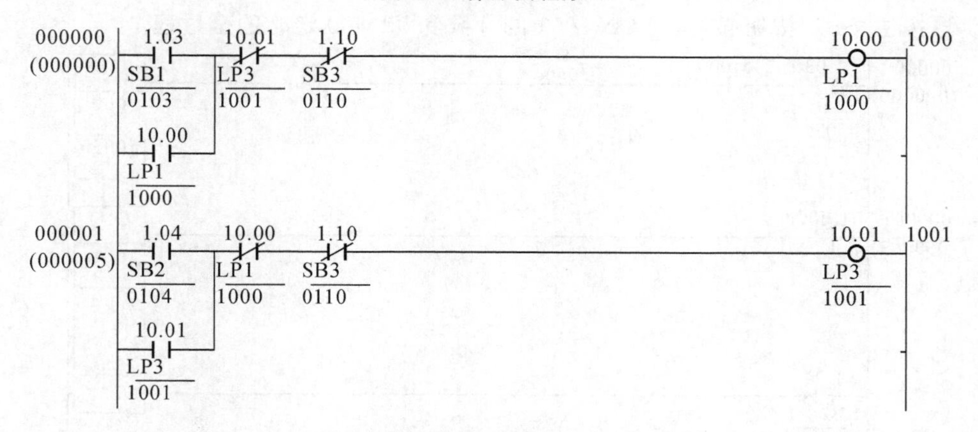

图 2-9　梯形图程序 6

4）TIM 定时器指令练习

① 编辑、下载、执行图 2-10 的程序。

② 自按住“SB1”按钮起，监视 TIM000 定时的过程。

图 2-10 梯形图程序 7

5）CNT 单项减计数器指令练习

① 编辑、下载、执行图 2-11 的程序。

② 按一下“SB1”按钮后松开，然后再按一下“SB1”按钮再松开，直到“LP1”灯亮，监视 CNT000 计数过程。

③ 按下“SB2”按钮，观察 CNT000 的变化及“LP1”灯的情况。

④ 在按下“SB1”按钮（按，松）的过程中，当“LP1”灯还没亮时，再按下“SB2”按钮，观察 CNT 的变化及“LP1”灯的状态。

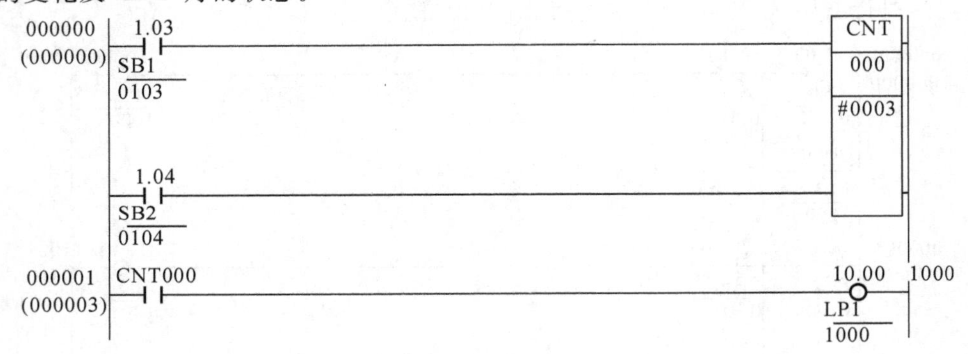

图 2-11 梯形图程序 8

6）TIM/CNT 指令练习

① 编辑、下载、执行图 2-12 的程序。

② 自按住“SB1”按钮起，监视 CNT001 的计数和 TIM00 定时的全过程。

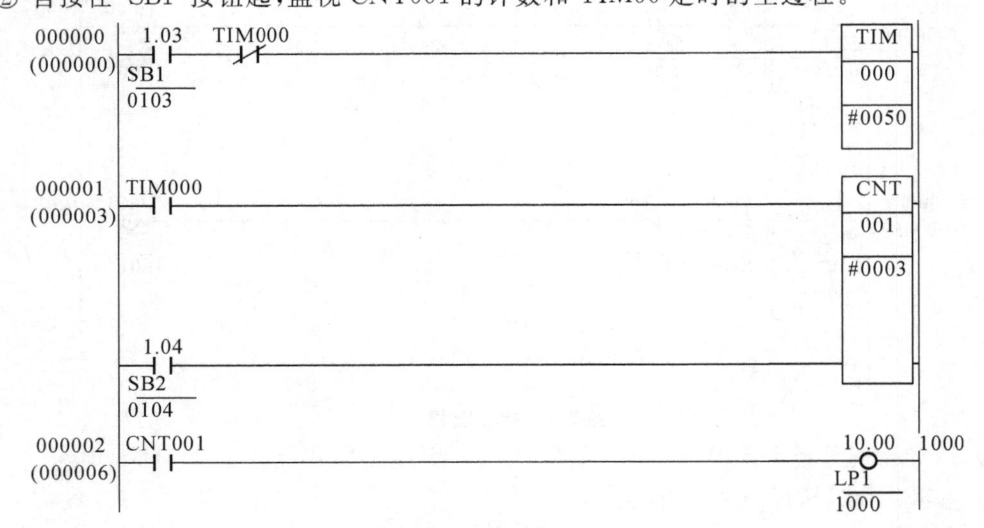

图 2-12 梯形图程序 9

7）JMP/JME 跳转和跳转结束指令练习

① 编辑、下载、执行图 2-13 的程序。

② 运行程序，观察和记录要使“LP1”灯亮，需按住哪些按钮，要使“LP4”灯亮需按住哪些按钮。

图 2-13 梯形图程序 10

8）CMP 单字比较指令

① 编辑、下载、执行图 2-14 的程序。

② 运行程序，观察和记录按住“SB1”和不按“SB1”的程序的运行情况，理解特殊状态寄存器的作用。

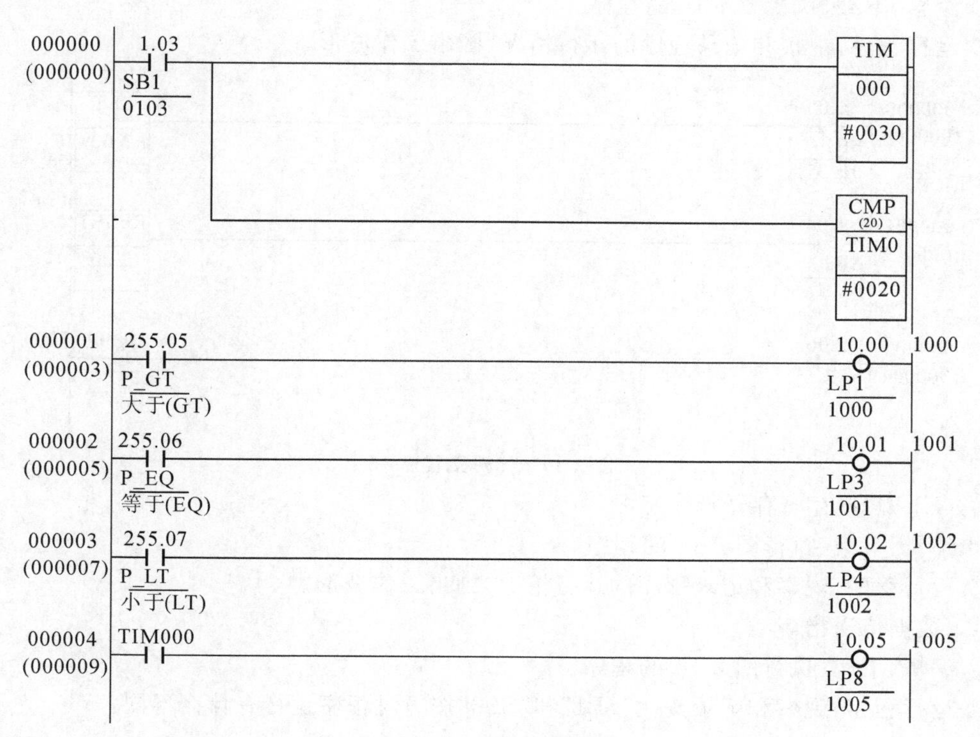

图 2-14 梯形图程序 11

9）SFT 移位寄存的指令

① 编辑、下载、执行图 2-15 的程序。

② 运行程序，观察和记录按下“SB1”按钮时程序的运行情况及“LP1”灯何时亮和灭，“SB2”按钮在程序中的作用及特殊状态寄存器 253.15 的作用。

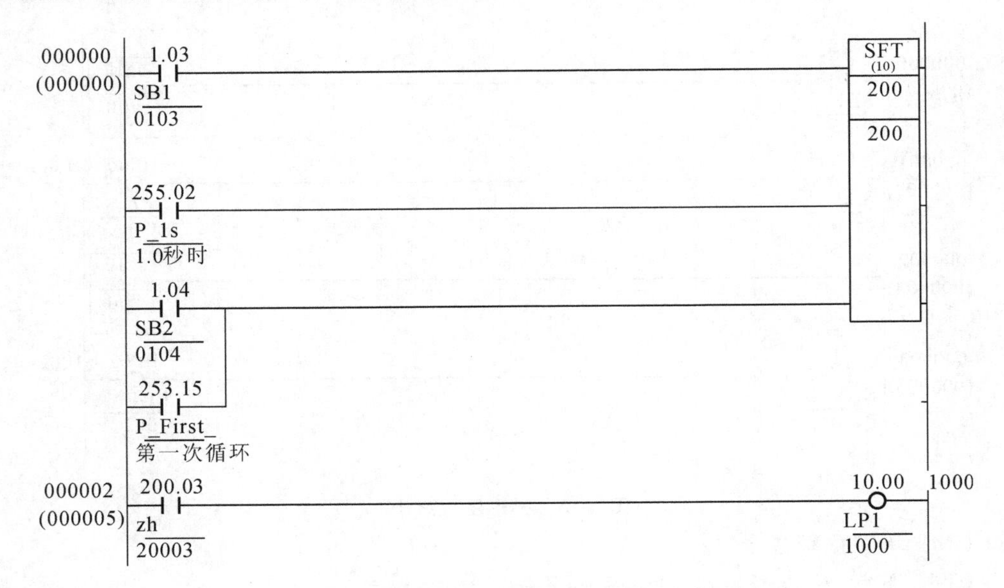

图 2-15 梯形图程序 12

10）SET 置位和 RESET 复位指令练习

① 编辑、下载、执行图 2-16 的程序。

② 运行程序，观察和记录程序的运行情况，画出工作波形。

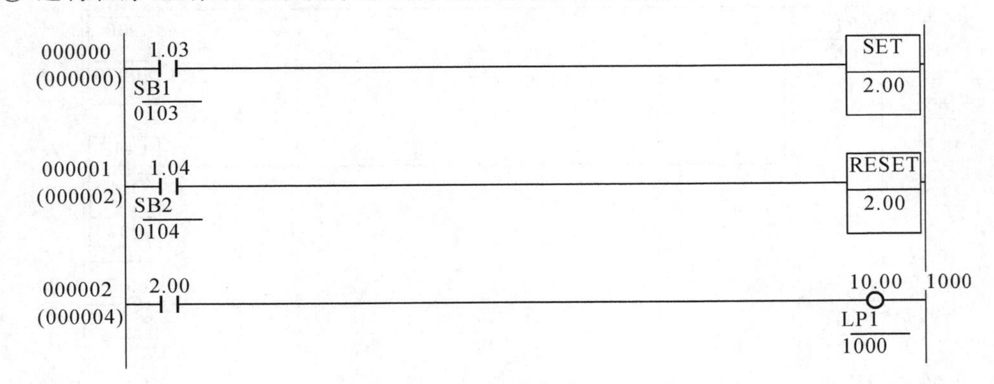

图 2-16 梯形图程序 13

11）KEEP 锁存寄存器指令练习

① 编辑、下载、执行图 2-17 的程序。

② 运行程序，观察和记录程序的运行情况，画出工作波形。

12）数据传送指令

① 编辑、下载、执行图 2-18 的程序。

② 运行程序，观察和记录按住“SB1”和“SB2”按钮时程序运行有什么不同？

图 2-17 梯形图程序 14

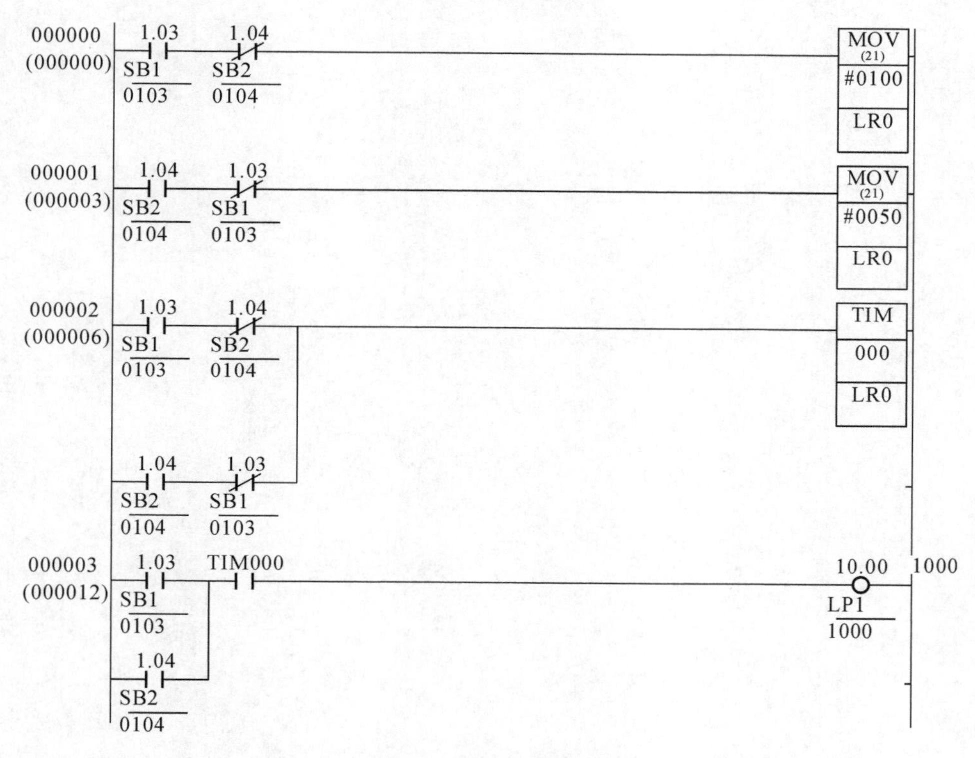

图 2-18 梯形图程序 15

5. 实验报告要求

(1) 怎样将一个按钮、一个指示灯接入 PLC 的输入、输出回路？画出电路图。

(2) 了解公共端的含义(PLC、按钮、灯等)，以及 PLC 输出公共端为何要分组？

(3) 图 2-4 至图 2-7 程序的运行结果有何区别？

(4) TIM/CNT 指令的功能。

(5) 图 2-8、图 2-9 程序的特点是什么？它们的区别在哪里？

(6) 分析图 2-15、图 2-16 和图 2-8 程序的功能是什么？它们的区别在哪里？

(7) 解释特殊辅助继电器 253.15 的作用，画出图 2-15 程序的工作波形。

(8) 修改图 2-15 的程序，使“LP1”、“LP3”、“LP5”、“LP7”灯每隔 5 s 依次亮起。

(9) 编写程序，要求按下“SB1”按钮“LP1”灯亮，按下“ST1”按钮“LP1”灯灭。

(10) 编写程序，要求按下“SB1”按钮，3 s 后“LP1”灯亮，按下“SB2”按钮“LP1”灯灭。

(11) 编写程序，使用一个按钮实现“LP1”灯的亮和灭(要求按下按钮，“LP1”灯亮；再按下同一个按钮，“LP1”灯灭)。

变频器应用实验

1. 实验目的

(1) 掌握变频器的基本应用方法和与控制系统的连接和配线。

(2) 掌握用 PLC 通过变频器控制单相交流电动机的方法。

2. 实验器材

• 机电一体化系统电气控制箱	一台
• 可供编程的计算机	一台
• PLC 主机和计算机连接的编程电缆	一根
• 连接导线	若干
• 电动机	一台

3. 变频器简介

在当前的工业自动化控制领域中,变频器得到了广泛的应用。变频器使得用户对电动机或其他调速设备的控制变得十分方便,人们只需要对变频器的参数进行设置,就能满足用户的控制要求。

结合本实验主要以 EMERSON TD900 系列变频器来介绍变频器,EMERSON TD900 变频器包括两种结构:A 型结构、B 型结构(详细参阅 TD900 变频器说明书)。本实验系统使用的是 A 型结构,外形如图 3-1 所示。

1) 变频器的主回路端子

(1) A 型结构主回路输入/输出端子的排列方式如图 3-2 所示。适用机型:TD900-2S0004G、TD900-2S0007G。

(2) 主回路端子功能说明见表 3-1。

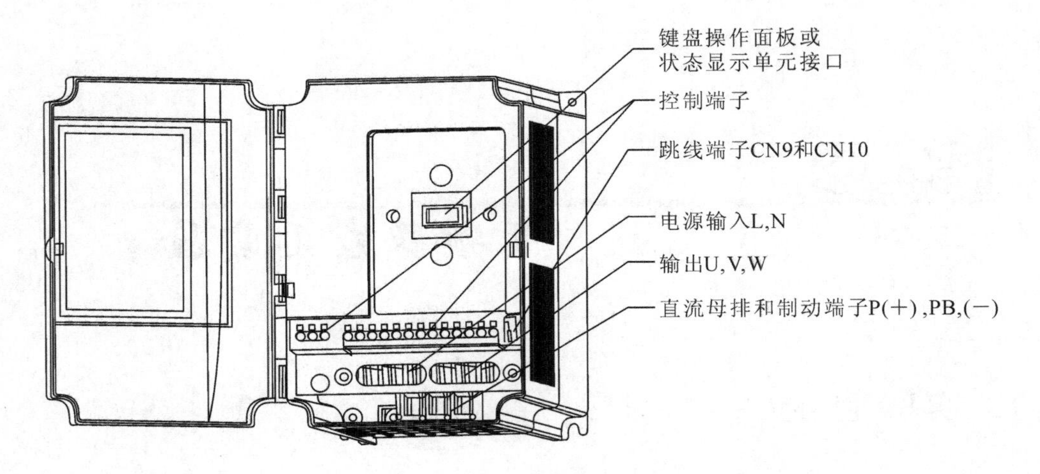

图 3-1　EMERSON TD900 变频器外形结构(A 型)

L	N		U	V	W
	P(+)	PB	(−)		

图 3-2　A 型结构主回路输入/输出端子的排列方式

表 3-1　主回路端子功能表

端子名称	功能说明
P(+)、PB、(−)	P(+)为正母排;PB 为制动单元节点;(−)为负母排
L、N	单相 220V 电源 L、N
U、V、W	电动机接线端子

2）变频器的控制端子

(1) A 型结构控制端子排列如下(适用机型为 TD900-2S0004G、TD900-2S0007G)。

TA	TB	TC		Y1	P24	COM	X1	X2	X3	X4	X5	VCI	CCI	VRF	GND	F/AM

(2) 控制端子功能见表 3-2。

表 3-2　控制端子功能表

端子类别	端子记号	端子功能说明	规格
多功能输入端子	X1～X5	功能可编程(参考地为 COM)	多功能选择见功能码 F053-F057
模拟量输入端子	VRF	外接频率设定用辅助电源(参考地为 GND)	DC:+10 V,<10 mA
	VCI	模拟量输入通道(输入只可为电压,参考地为 GND)	输入范围 0～+10 V(输入阻抗 10 kΩ,给定电位计值≥2 kΩ)
	CCI	模拟量输入通道(输入可为电流或电压,参考地为 GND)	输入范围 0～20 mA(输入阻抗 500 Ω)或 0～+10 V(输入阻抗 10 kΩ)

续表

端子类别	端子记号	端子功能说明	规　格
输出端子	Y1	多功能输出端子(参考地为 COM)	开路集电极输出：DC24 V，最大输出电流 60 mA
	P24	24 V 电源(参考地为 COM)	+24 V，最大输出电流 100 mA
	F/AM	输出频率/电流显示(参考地为 GND)	0～+10 V(负载阻抗>2 kΩ) 0～20 mA(负载阻抗<500 Ω)
	TA，TB，TC	可编程继电器输出(出厂设置为故障继电器输出节点)	触点额定值： AC：250 V/2 A； DC：30 V/1 A

3）变频器的配线图

变频器的输入端子与外部设备的基本电气连接关系如图 3-3 所示。

图中控制信号端子用于对变频器进行频率的设定和运转控制，并且用于向外部检测设备提供变频器的工作信息，用户可根据实际需要决定配线方式。

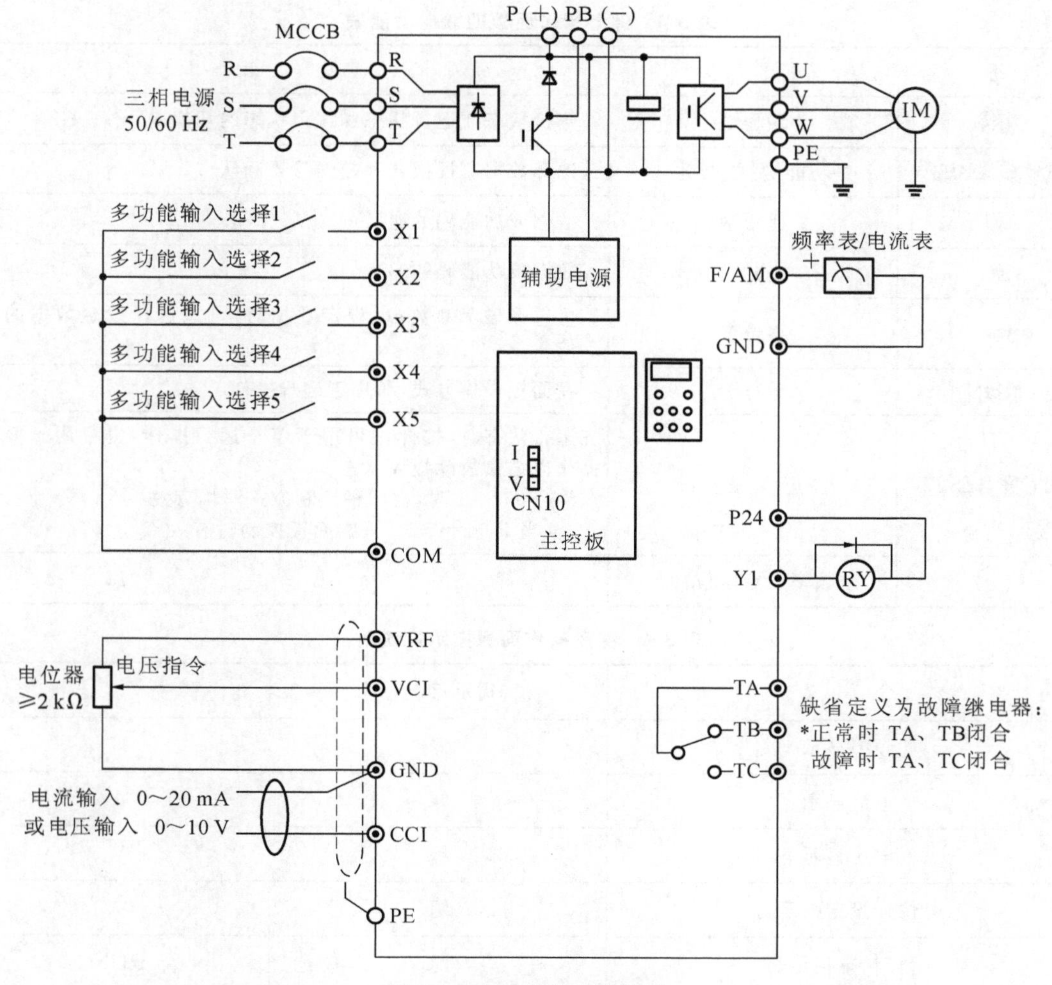

图 3-3　变频器基本配线图

4）变频器键盘操作面板状态显示单元说明

键盘操作面板外形如图 3-4 所示，键盘功能和面板指示灯说明如表 3-3～表 3-5 所示。

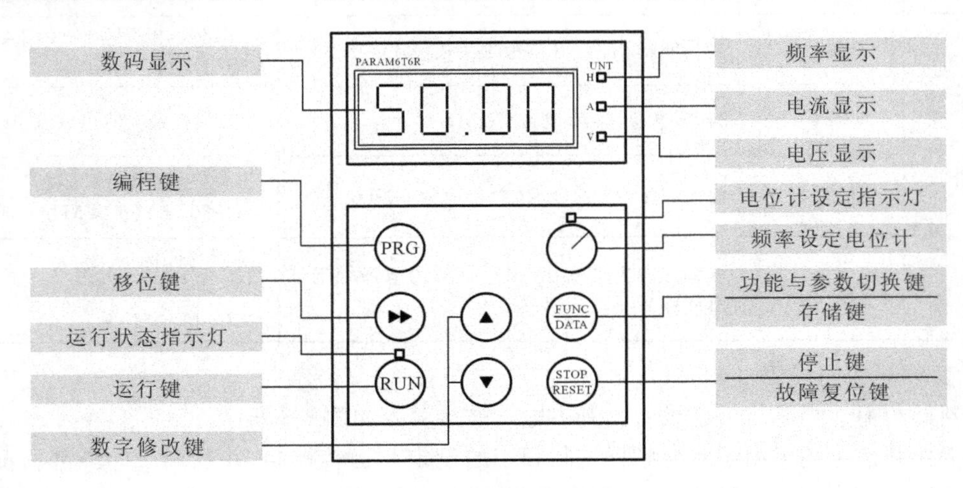

图 3-4　键盘操作面板示意图

表 3-3　键盘操作面板的键盘功能表

键	名　称	功　能
PRG	编程键	停机状态或运行状态和编程状态的切换
FUNC/DATA	功能键/数据键	选择数据监视模式和数据写入确认
▲	递增键	数据或功能码的递增
▼	递减键	数据或功能码的递减
▶▶	移位键	可选择显示参数；在设定数据时，可以选择设定数据的修改位
RUN	运行键	在面板操作方式下，用于运行操作
STOP/RESET	停止键/复位键	运行状态时，按此键可用于停止运行操作，也可用于复位操作以结束故障报警状态 注：F032＝1 时，在两种控制方式时均有效 当 F032＝0 时，只在面板控制时有效
⊘	频率设定电位计	—

表 3-4　键盘操作面板指示灯说明

含　义	指示灯颜色	标　志
频率显示	绿	H
电流显示	绿	A
电压显示	绿	V
电位计设定指示灯	绿	—
运行状态指示灯	绿	RUN

表 3-5　状态显示单元指示灯说明

含　义	指示灯颜色
电源指示(POW)	红色
运转指示(RUN)	绿色
故障指示(ERR)	黄色

5) 变频器工作状态说明

变频器有四种工作状态。

(1) 停机状态　变频器已经上电但不进行任何操作的状态。

(2) 编程状态　用键盘操作面板进行变频器功能参数的修改和设置。

(3) 运行状态　变频器 U、V、W 端子有电源输出。

(4) 故障报警状态　由于外部设备或变频器内部出现故障或操作失误,变频器报出相应的故障代码并且封锁输出。

6) 变频器运行模式说明

变频器有多种运转控制方式。可分为基本运行模式、点动运行模式、多段频率运行模式、闭环运行模式等。

7) 变频器功能码参数分类

本系列变频器的功能码共有 90 个,按序号和功能可分成六组。

(1) 基本运行参数设定用功能码组 F000～F022。

(2) 启动、制动控制参数设定用功能码组 F023～F034。

(3) 外部通道参数用功能码组 F035～F052。

(4) 输入端子功能参数设定用功能码组 F053～F069。

(5) 输出端子功能参数设定用功能码组 F070～F078。

(6) 显示、记忆及初始化参数设定用功能码组 F079～F090。

8) 变频器功能码参数设置方法

变频器的功能码参数的基本设置方法如图 3-5 所示。

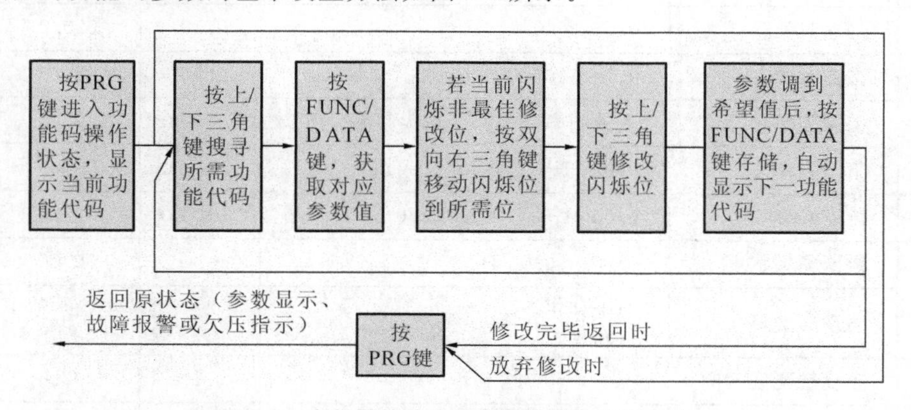

图 3-5　变频器的功能码参数的基本设置方法

9) 功能码表

(1) 基本运行功能参数(见表 3-6)。

表 3-6　基本运行功能参数

功能码	名　　称	设 定 范 围	最小单位	出厂设定值	更改
F000	运行频率设定方式	0:数字设定 1。F001 设定初始值,用▲与▼键修改,不修改 F001 的内容; 1:数字设定 2。F001 为初始值,用控制端子(设为 UP/DOWN)修改,停机不存储到 F001; 2:数字设定 3。F001 为初始值,用控制端子(设为 UP/DOWN)修改,停机存储到 F001; 3:通道 CH1 给定(F035 选择); 4:通道 CH1 和通道 CH2 运算给定(由 F035～F044 确定)	1	3	×
F001	数字设定频率	下限频率 F015～上限频率 F014(在 F000=0,1,2 时有效)	0.01 Hz	50.00	○
F002	运行命令选择	0:键盘操作面板 1:控制端子	1	1	×
F003	面板 RUN 运转方向设定	0:正转 1:反转	1	0	○
F004	最大输出频率	50.00～650.0 Hz(F004≥F014)	0.01 Hz	60.00	×
注:F005≥F007≥F009;F008≥F010≥F011					
F005	额定频率(基频)	1.00～650.0 Hz	0.01 Hz	50.00	×
F006	额定电压	0～999 V	1 V	机型	×
F007	V/F 频率值 2	0.00～650.0 Hz	0.01 Hz	01.50	×
F008	V/F 电压系数 2	0.0%～100.0%	0.1%	006.0	○
F009	V/F 频率值 1	0.00～650.0 Hz	0.01 Hz	01.50	○
F010	V/F 电压系数 1	0.0%～100.0%	0.1%	006.0	○
F011	手动转矩提升	0.0%～30.0%	0.1%	03.0	○
F012	加速时间	0.1～3600 s	0.1 s	020.0	○
F013	减速时间	0.1～3600 s	0.1 s	020.0	○
F014	上限频率	下限频率(F015)～最大频率(F004)	0.01 Hz	50.00	×
F015	下限频率	0.00 Hz～上限频率(F014)	0.01 Hz	00.00	×
F016	跳跃频率	0.00 Hz～上限频率(F014)	0.01 Hz	00.00	×
F017	跳跃频率宽度	0.00～30.00 Hz	0.01 Hz	00.00	×
F018	防反转选择	0:不动作 1:动作	1	0	○
F019	正反转死区时间	0.0～3600 s	0.1 s	002.0	○
F020	载波频率调节	1～15	1	10	×
F021	电动机过载保护系数	20.0%～100.0%	0.1%	100.0	○
F022	保留				

（2）启动、制动控制参数（见表3-7）。

表3-7 启动、制动控制参数

功能码	名 称	设 定 范 围	最小单位	出厂设定值	更改
F023	启动方式	0：从启动频率启动 1：先制动，再启动	1	0	×
F024	启动频率	0.1～60.00 Hz	0.01 Hz	01.00	×
F025	启动制动时间	0.0～30.0 s	0.1 s	00.0	×
F026	启动制动电流	0.0%～150.0%	0.1%	000.0	×
F027	停机方式	0：减速停止（自动加入能耗制动） 1：自由停车 2：减速停止（自动加入能耗制动）＋直流制动	1	0	×
F028	停机直流制动起始频率	0.00～60.00 Hz	0.01 Hz	00.00	×
F029	停机直流制动电流系数	0.0%～150.0%	0.1%	000.0	×
F030	停机直流制动时间	0.0～30.0 s（00.0时直流制动不动作）	0.1 s	00.0	×
F031	能耗制动使用率	0.0%～30.0%	0.1%	02.0	×
F032	STOP键功能	0：仅在面板有效 1：面板、控制端子均有效	1	0	×
F033	AVR功能	0：无效； 1：有效	1	1	×
F034	保留				

（3）外部通道参数（见表3-8）。

表3-8 外部通道参数

功能码	名 称	设 定 范 围	最小单位	出厂设定值	更改
F035	CH1通道	0：VCI； 1：CCI； 2：面板电位计； 3：脉冲（X1）	1	0	×
F036	CH2通道	0：VCI； 1：CCI； 2：面板电位计； 3：脉冲（X1）	1	1	×
F037	CH1、CH2运算	0：（K1×CH1）＋（K2×CH2）； 1：（K1×CH1）－（K2×CH2）； 2：（K1×CH1）×（K2×CH2）； 3：（K1×CH1）＋K2×（CH2～CH5）	1	0	×
F038	CH1系数K1	0.00～10.00	0.01	01.00	○
F039	CH2系数K2	0.00～10.00	0.01	01.00	○
注：F040≤F042					
F040	通道最小给定系数	0.0%～100.0% 最小给定量与基准（10 V；20 mA；上限对应脉冲）的比值	0.1%	000.0	○
F041	最小给定对应量系数	0.0%～100.0% 开环时指F040对应的频率与F014定义上限频率的比值； 闭环时指F040对应反馈量与基准（10 V；20 mA；上限对应脉冲）的比值	0.1%	000.0	○

续表

功能码	名称	设定范围	最小单位	出厂设定值	更改
F042	通道最大给定系数	0.0%～100.0% 最大给定量与基准(10 V;20 mA;最大脉冲)的比值	0.1%	100.0	○
F043	最大给定对应量系数	0.0%～100.0% 开环时指 F042 对应的频率与 F014 定义上限频率的比值; 闭环时指 F042 对应反馈量与基准(10 V;20 mA;最大脉冲)的比值	0.1%	100.0	○
F044	通道滤波时间常数	0.01～5.00 s	0.01 s	1.00	○
F045	闭环控制功能选择	0:开环控制　1:闭环控制	1	0	×
F046	闭环给定量通道选择	0:数字(F047)　1:CH1 给定	1	1	×
F047	给定量数字设定	0.00～10.00 V	0.01 V	00.00	○
F048	反馈量输入通道选择	0:CH2 反馈 1:CH1、CH2 运算反馈	1	0	×
F049	比例增益 P	0.0%～999.9%	0.1%	000.0	○
F050	积分时间 T_i	0.0～100.0 s	0.1 s	000.0	○
F051	采样周期 T	0.1～100.0 s	0.1 s	001.0	○
F052	偏差极限	0.0%～20.0%(相对应闭环给定值)	0.1%	00.0	○

(4) 输入端子功能参数(见表 3-9)。

表 3-9　输入端子功能参数

功能码	名称	设定范围	最小单位	出厂设定值	更改
F053	控制端子 X1 功能选择	0:无功能 1:多段频率端子 1 2:多段频率端子 2 3:多段频率端子 3 4:外部故障常开输入 5:外部故障常闭输入 6:RESET 7:JOGF 8:JOGR 9:FWD 10:REV 11:FRS 12:UP 13:DOWN 14:三线式运转控制 15:停机直流制动输入指令 DB 16:保留 17:保留 18:闭环切开环 19:计数清零 20:计数输入(仅对 X1 有效) 21:脉冲输入(仅对 X1 有效)	1	1	×
F054	控制端子 X2 功能选择			2	
F055	控制端子 X3 功能选择			6	
F056	控制端子 X4 功能选择			9	
F057	控制端子 X5 功能选择			10	

续表

功能码	名　称	设定范围	最小单位	出厂设定值	更改
F058	多段频率 1	0.00～650.0 Hz	0.01 Hz	05.00	○
F059	多段频率 2	0.00～650.0 Hz	0.01 Hz	10.00	○
F060	多段频率 3	0.00～650.0 Hz	0.01 Hz	15.00	○
F061	多段频率 4	0.00～650.0 Hz	0.01 Hz	20.00	○
F062	多段频率 5	0.00～650.0 Hz	0.01 Hz	30.00	○
F063	多段频率 6	0.00～650.0 Hz	0.01 Hz	40.00	○
F064	多段频率 7	0.00～650.0 Hz	0.01 Hz	50.00	○
F065	点动运行频率	0.10～60.00 Hz	0.01 Hz	02.00	○
F066	端子控制运转模式设定	0:两线控制模式 1 1:两线控制模式 2 2:三线式运转控制 1 3:三线式运转控制 2	1	0	×
F067	上限对应脉冲频率	0.1～10.0 kHz	0.1 kHz	10.0	○
F068	端子 UP/DOWN 加减速时间方式选择	0:手动 1:自动	1	0	○
F069	保留				

(5) 输出端子功能参数(见表 3-10)。

表 3-10　输出端子功能参数

功能码	名　称	设定范围	最小单位	出厂设定值	更改
F070	开路集电极输出端子 Y1 功能选择	0:变频器运行中　1:频率到达 2:频率上限限制　3:频率下限限制 4:变频器故障　5:指定计数到达 6:设定计数到达　7:数字频率输出	1	0	×
F071	继电器节点输出功能选择	0:变频器运行中　1:频率到达 2:频率上限限制　3:频率下限限制 4:变频器故障　5:指定计数到达 6:设定计数到达	1	4	×
F072	频率到达(FAR)检出宽度	0.00～650.0 Hz	0.01 Hz	02.50	○
注:F073≤F074					
F073	指定计数值	0～9999	1	0000	○
F074	设定计数值	0～9999	1	0000	
F075	数字频率表输出倍频系数	1～1000	1	0010	○
F076	F/AM 端子选择	0:FM(0～10 V 或 0～20 mA); 1:FM(2～10 V 或 4～20 mA); 2:AM(0～10 V 或 0～20 mA); 3:AM(2～10 V 或 4～20 mA)	1	0	○

续表

功能码	名　称	设定范围	最小单位	出厂设定值	更改
F077	F/AM 输出校正	50.0%～200.0%	0.1%	100.0	○
F078	保留				

(6) 显示、记忆及初始化功能参数(见表 3-11)。

表 3-11　显示、记忆及初始化功能参数

<table>
<tr><th>功能码</th><th>名　称</th><th>设定范围</th><th>最小单位</th><th>出厂设定值</th><th>更改</th></tr>
<tr><td>F079</td><td>LED 运行显示参数选择(SHIFT 状态停电存储)</td><td>BIT0:运行频率
BIT1:设定频率
BIT2:输出电流
BIT3:输出电压
BIT4:母线电压
BIT5:无单位显示
BIT6:闭环给定通道量
BIT7:闭环反馈通道量
BIT8:计数值</td><td>1</td><td>007</td><td>○</td></tr>
<tr><td>F080</td><td>LED 停机显示参数选择(SHIFT 状态停电存储)</td><td>BIT0:设定频率
BIT1:母线电压
BIT2:闭环给定通道量
BIT3:闭环反馈通道量
BIT4:计数值</td><td>1</td><td>01</td><td>○</td></tr>
<tr><td>F081</td><td>无单位显示系数</td><td>0.01～99.99</td><td>0.01</td><td>28.80</td><td>○</td></tr>
<tr><td>F082</td><td>前次故障类型</td><td rowspan="2">0:无异常记录
1:变频器加速运行过电流(E001)
2:变频器减速运行过电流(E002)
3:变频器恒速运行过电流(E003)
4:变频器加速运行过电压(E004)
5:变频器减速运行过电压(E005)
6:变频器恒速运行过电压(E006)
7:变频器停机时过电压(E007)
8:保留(E008)
9:保留(E009)
10:待机时模块保护(E010)
11:散热器过热(E011)
12:保留(E012)
13:变频器过载(E013)
14:电动机过载(E014)
15:外部设备故障(E015)
16:EEPROM 读写错误(E016)
17:保留(E017)
18:保留(E018)
19:电流检测电路异常(E019)
20:外部干扰严重(E020)</td><td>1</td><td>0</td><td>*</td></tr>
<tr><td>F083</td><td>最近一次故障类型</td><td>1</td><td>0</td><td>*</td></tr>
<tr><td>F084</td><td>最近一次故障时刻母线电压</td><td>0～999 V</td><td>1 V</td><td>0</td><td>*</td></tr>
</table>

续表

功能码	名　称	设 定 范 围	最小单位	出厂设定值	更改
F085	最近一次故障时刻实际电流	0.0～999.9 A	0.1 A	0.0	*
F086	最近一次故障时刻运行频率	0.00～650.0 Hz	0.01 Hz	0.00	*
F087	累计工作时间	0～65535 h	1 h	0	*
F088	参数写入保护	0:全部数据允许被改写 1:除 F001 和本功能码外,禁止改写 2:除本功能码外,全部禁止改写	1	1	○
F089	参数初始化	0:参数改写状态 1:清除记忆信息(F082～F086) 2:恢复出厂设定值(F000～F081)	1	0	*
F090	厂家密码	* * * *	—	—	—

表 3-6 至表 3-11 中:"○"表示该参数运行中可以更改;"×"表示该参数运行中不可以更改;"*"表示实际检测或固定参数不可以更改;"—"表示厂家设定,用户不可以更改。

4. 实验内容

变频器的典型应用包括基本运行、点动运行和闭环运行。

1) 基本运行

(1) 用变频器的键盘操作面板完成运行频率设置和调整,用变频器的键盘操作面板进行运转控制。

① 按 PRG 键进入编程状态。

② 设置主要功能参数值(其他功能码借用出厂设定值)。

F000＝0,表示频率给定为数字设定 1。

F001＝50.00,确定运行频率。

F002＝0,表示由键盘操作面板控制运转。

F003＝0,表示电动机正转运行。

③ 再按 PRG 键退出编程状态。

④ 按 RUN 键运行。

⑤ 运行中可用▲键和▼键修改已设定的运行频率。

⑥ 按 STOP 键,电动机停机。

(2) 用变频器的键盘操作面板设定、修改频率,用控制端子进行运转控制。

按图 3-6 接线,确认无误后上电。

① 按 PRG 键进入编程状态。

② 设置主要功能参数值(其他功能码借用出厂设定值)。

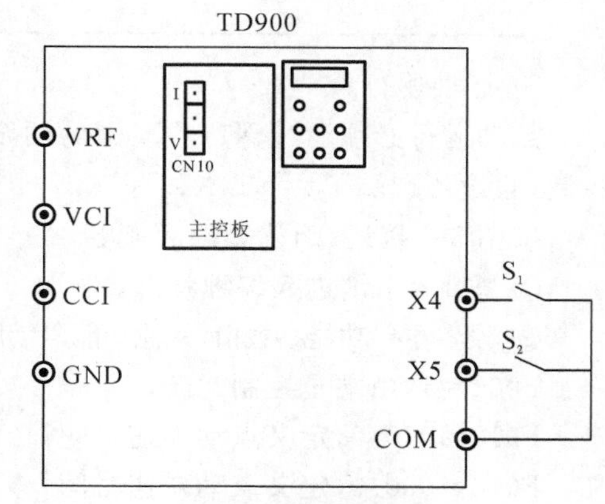

图 3-6　操作配线图

F000＝0,频率给定为数字设定1。

F001＝10.00,给定频率初始值。

F002＝1,运行命令由控制端子给出。

F056＝9,表示将X4定义为正转。

F057＝10,表示将X5定义为反转。

F066＝0,两线控制模式1。

③ 再按PRG键退出编程状态。

④ 闭合S_1,电动机正向运转。

⑤ 运行中可用变频器键盘操作面板的▲键和▼键进行频率更改。

⑥ 断开S_1、闭合S_2,电动机反向运转。

⑦ 断开S_1、S_2,电动机停机。

⑧ 断电。

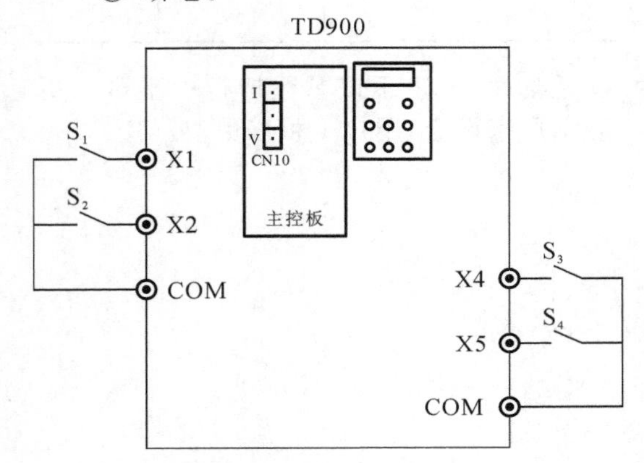

图3-7 多段速度运行接线图

(3) 用控制端子完成多段速度运行操作。

按图3-7接线,确认无误后上电。

① 按PRG键进入编程状态。

② 设置主要功能码参数值,其他功能码借用出厂设定值。设置F002＝1,运行命令由控制端子给出。设置F053＝1、F054＝2,设置X1、X2为多段频率端子。

③ 合上S_3(S_4)变频器正向(反向)运转。

④ 通过对S_1、S_2进行一定的开/闭组合,可以按表3-12选择相应的多段频率运行(以三段为例)。

表3-12 三段速度运行选择表

S_2	S_1	变频器运行频率
OFF	OFF	非多段频率运行
OFF	ON	多段频率1,出厂设定5 Hz
ON	OFF	多段频率2,出厂设定10 Hz
ON	ON	多段频率3,出厂设定15 Hz

2) 点动运行

点动运行必须通过X1～X5中的两个端子进行运转控制,假设可选端子为X1、X2。

按图3-8接线,确认无误后上电。

① 按PRG键进入编程状态。

② 设置主要功能参数值(其他功能码借用出厂设定值)。

F002＝1,由端子控制运转;

F012＝010.0,定义点动加速时间;

F013＝030.0,定义点动减速时间;

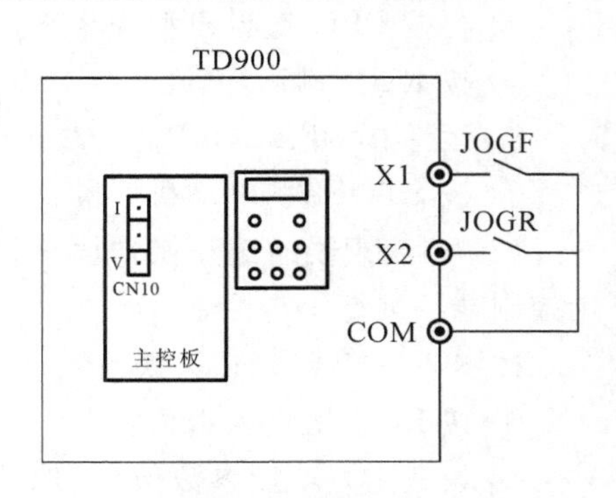

图3-8 操作配线图

F065＝03.00，定义点动运行频率；

F053＝7，定义 X1 为 JOGF 端子；

F054＝8，定义 X2 为 JOGR 端子。

③ 再按 PRG 键退出编程状态。

④ 闭合 JOGF 或 JOGR 端子实施点动运行。

⑤ 断开 JOGF 或 JOGR 端子，电动机停机。

⑥ 断电。

3）闭环运行

闭环运行的配置主要是：闭环反馈量的输入，闭环给定量的输入。下面是闭环运行的一种典型应用。

用控制端子给定和反馈，并用控制端子控制闭环运行。

变频器具有内置 PI 调节器，如图 3-9 所示。图中 P 为比例增益，T_i 为积分时间。幅度限制主要是对经过 PI 处理的输出量进行幅度限制。

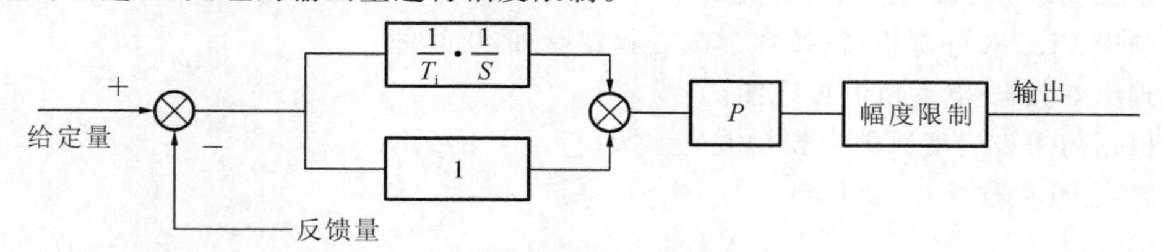

图 3-9 闭环控制

利用内置 PI 功能，可以组成如图 3-10 所示的闭环控制系统。

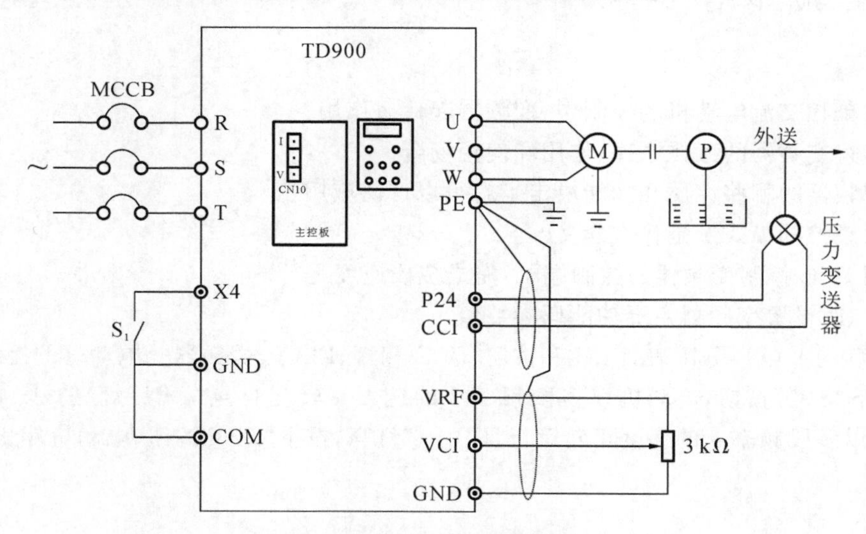

图 3-10 内置 PI 反馈控制系统示意图

这里，压力给定量用电位器设定，而压力反馈以 0～20 mA 电流形式从 CCI 口输入，也可以用 TG(测速发电机)组成闭环控制系统，只是测速发电机输出信号应选择在直流 0～10 V 输出。

① 按 PRG 键进入编程状态。

② 设置主要功能参数值(其他功能码借用出厂设定值)。

F045＝1，选择闭环功能有效；

F046＝1，选择闭环给定通道为 CH1；

F035＝0，定义 CH1 为 VCI；

F048＝0，选择闭环反馈通道为 CH2；

F036＝1，定义 CH2 为 CCI；

F056＝9，定义 X4 为 FWD。

③ 再按 PRG 键退出编程状态。

④ 闭合 S_1，电动机开始闭环正转运行。

⑤ 断开 S_1，电动机停机。

⑥ 断电。

下面介绍 PLC 与变频器组合控制实验。

用 PLC 控制变频器的控制端子（X1、X2），要求按下“SB1”按钮，“LP1”灯亮并且电动机以多段频率 1 的速度运行。

① 根据要求分配 PLC 的 I/O 端口。

② 画出 PLC 和外部设备（按钮、灯、变频器等）的接线图。

③ 画出变频器-电动机的接线图。

④ 根据需求设置变频器主要功能码参数。

⑤ 编写 PLC 程序，上机调试。

5. 实验报告要求

（1）在单相交流电动机的控制中，变频器起什么作用？

（2）试述变频器的工作原理、作用和使用场合。

（3）变频器的哪些性质和功能决定了它得以广泛应用？

（4）两线控制模式 1 是什么含义？

（5）用 PLC 控制变频器的控制端子，完成多段速度运行。

要求 ① 设置变频器主要功能码参数值。

② PLC 的 I/O 口分配表，PLC 和按钮、PLC 和灯、PLC—变频器—电动机的接线图。

③ 按下“SB1”按钮，电动机以多段频率 2 的速度正转运行且“LP2”灯亮；按下“SB2”按钮，电动机以多段频率 4 的速度正转运行且“LP4”灯亮；按下“SB3”按钮，电动机停止运行。

物料传送单元控制实验

1. 实验目的

熟悉和掌握机电一体化控制系统的设计步骤，让学生对于一个具体应用对象如何控制、怎样实现这种控制、怎样改进这种控制等有一个深刻的了解，对系统控制单元、检测部件有一个感性认识。通过本次实验，可以使学生掌握怎样编写 PLC 应用程序，掌握变频器的应用方法、传感器的应用，控制系统各个部分如何协同工作，如何连接各个系统部件等。

2. 实验器材

- 机电一体化系统电气控制箱（包括 PLC、变频器、控制按钮、状态显示灯、各种外接端子） 一台
- 可供编程的计算机 一台
- PLC 主机和计算机连接的编程电缆 一根
- 连接导线 若干
- 电动机 一台
- 欧姆龙 E3JK 光电传感器 两个
- 机械执行机构（包括变速箱、传送带、驱动单元、支架等） 若干

3. 机电一体化控制系统设计的基本原则

机电一体化系统中，作为控制系统的计算机担负着接受现场信息，通过信息处理后发出控制信号控制整个系统运行的任务。信息处理是否正确、及时，直接影响到系统工作的质量和效率，因此计算机信息处理与控制技术已成为机电一体化技术发展和变革的最活跃的因素。

机电一体化系统中的计算机具有存储记忆功能和极强的信息处理能力，它与检测传感装置相结合，能根据给定的指令和机器的实际运行状态，运用软硬件去控制执行机构完成预计的工作。

机电一体化系统中的计算机必须具备以下特征：① 具有很强的控制能力；② 具有丰富的I/O接口；③ 运行速度快，能适应实时控制的需要；④ 抗干扰能力强，耐环境能力强。满足这些要求的计算机主要有单片机、工业控制机、可编程控制器(PLC)和嵌入式系统等，它们在机电一体化系统中获得了广泛的应用。

实际生产过程中，任何一种电气控制系统都是为了实现被控对象(生产设备或生产过程)的工艺要求，以提高生产效率和产品质量。在实际控制系统设计过程中，也应该把提高生产效率和产品质量放在首位。实际设计过程中应遵循以下基本原则。

(1) 完整性原则　充分发挥控制系统的功能，最大限度地满足工业生产过程或生产设备的控制要求，是设计控制系统的前提。这就要求设计人员要注意调查研究、收集资料，要和现场工程管理人员、技术人员、操作人员紧密配合，共同解决问题。

(2) 可靠性原则　确保控制系统的可靠性，保证系统能够长期、安全、可靠、稳定运行，是设计控制系统的重要原则。这就要求设计者在系统设计上、器件选择上、编程软件上要全面考虑。

(3) 经济性原则　在满足控制要求的前提下，力求使系统结构简单、性价比高、使用及维修方便，不盲目追求自动化的高指标。一方面，要不断注意扩大工程的效益；另一方面，要不断注意降低工程的成本。

(4) 扩展性原则　随着控制技术的不断发展，对控制系统的要求也会不断提高，不断完善。因此，控制系统的设计要考虑以后的扩展和完善，因此在选择控制系统的容量、机型、输入/输出模块时，要留有适当的余量。

本实验中采用的控制系统是可编程控制器(PLC)。

4. PLC控制系统设计的主要步骤

当设计一个PLC控制系统时，要全面考虑许多因素，不管所设计的控制系统规模的大小，一般都要按图4-1所示的设计步骤进行系统设计，具体归纳如下。

① 分析评估控制任务。

② 提出系统工艺要求。

③ 确定输入/输出设备。

④ PLC机型的选择。

⑤ I/O地址分配。

⑥ 分解控制任务。

⑦ 系统设计。

⑧ 安全电路设计。

⑨ 系统调试。

⑩ 文档编制。

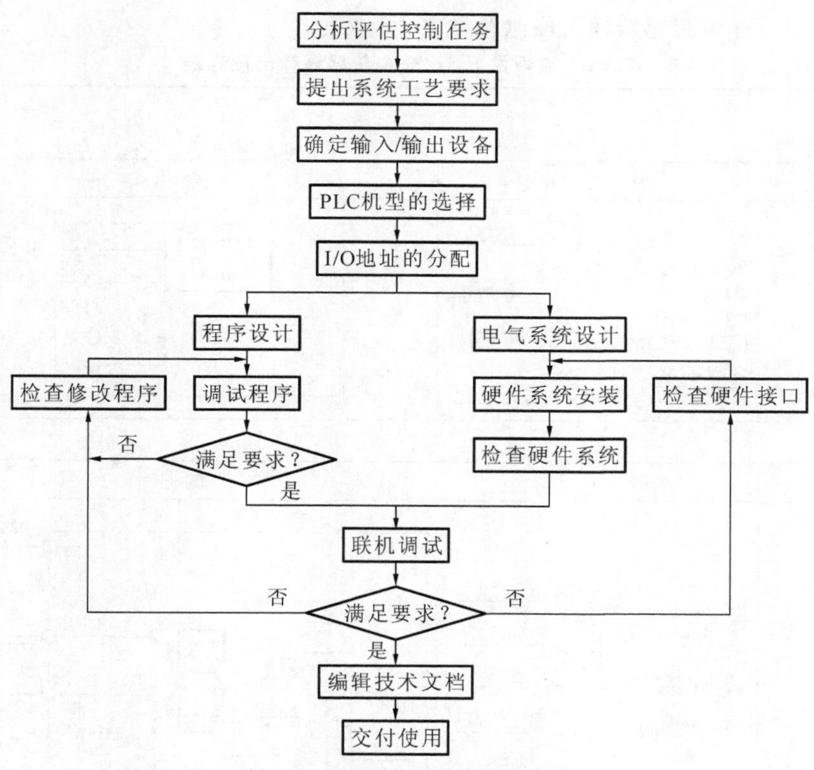

图 4-1　PLC 控制系统设计步骤

5. 欧姆龙 E3JK 光电传感器简介

光电传感器是把发射端和接收端之间光的强弱变化转化为电流的变化以达到探测的目的。由于光电传感器输出回路和输入回路是电隔离的(即电缘绝),所以在许多场合得到了应用。

光电传感器的工作原理:利用被检测物对光束的遮挡或反射,由同步回路选通电路,从而检测物体的有无。物体不限于金属,所有能反射光线的物体均可被检测。光电传感器将输入电流在发射器上转换为光信号射出,接收器再根据接收到的光线的强弱或有无转换成电信号,对目标物体进行探测。

欧姆龙 E3JK 光电传感器的外形如图 4-2 所示。

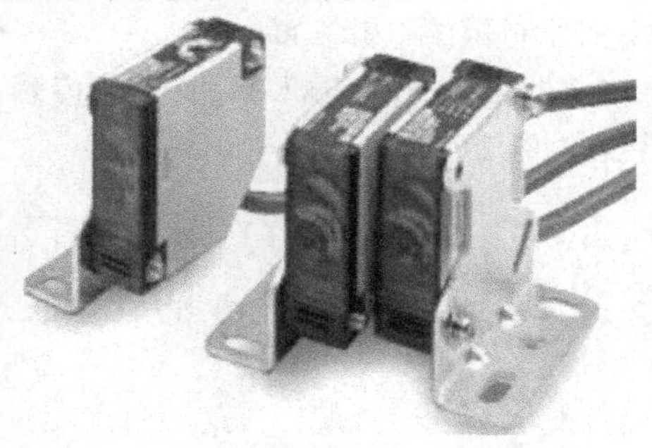

图 4-2　欧姆龙 E3JK 光电传感器外形图

欧姆龙 E3JK 光电传感器输出段电路如表 4-1 所示。

表 4-1　欧姆龙 E3JK 光电传感器输出段电路

E3JK

继电器

型　号	时　间　图	输　出　电　路
E3JK-5M1 E3JK-5M2 E3JK-R2M1 E3JK-R2M2 E3JK-R4M1 E3JK-R4M2 E3JK-DS30M1 E3JK-DS30M2	入光时 / 遮光时 入光显示灯(红)　灯亮 / 灯灭 L/ON(Ta) (E3JK,□□M1)　ON / OFF D/ON(Ta) (E3JK,□□M2)　ON / OFF	AC24~240V DC12~240V 光电开关主电路 褐　蓝　电源(无极性) Tc　Tb　Ta 白　黑　灰　接点输出 (内置继电器G6C)

DC无接点

型　号	时　间　图	输　出　电　路
E3JK-5S3 E3JK-R2S3 E3JK-R4S3 E3JK-DS30S3	入光时 / 遮光时 入光显示灯(红)　灯亮 / 灯灭 L/ON输出　ON / OFF D/ON输出　ON / OFF	AC24~240 V DC12~240 V 褐　电源　蓝 (无极性) 光电开关主电路 驱动电路　驱动电路 D/ON　灰　负载　I_1 L/ON　黑　负载　I_2 DC 48 V 以下 $I_1+I_2<100$ mA 白 注：输出段漏电流分别为0.1 mA以下。

注：投光器侧无极性，可将褐、蓝任意一根连接至电源。

6. 实验内容

（1）利用现有的典型机械机构、传感器和电动机，组建一个间隙物料传送单元。

（2）根据物料传送单元的控制要求，完成控制系统硬件设计。

（3）画出外围设备和 PLC 主机的硬件接线图，分配 I/O 地址，设置变频器参数，并完成相应的控制线路布线（控制按钮接线、状态显示灯接线、变频器参数设置及接线、传感器接线）。

（4）确定系统工艺流程，编写 PLC 控制程序，上机调试，实现对间隙物料传送单元的控制。

注意　① 在接线前，必须将控制柜的电源切断。

② 实验前先练习如何将传感器接入 PLC 输入回路，检查传感器状态。

③ 按要求调节光电传感器的检测范围。

7. 间隙物料传送单元系统控制要求

（1）系统通电，系统进行初始化，如果系统正常，准备运行指示灯“LP3 亮”。

（2）按正转按钮“SB1”，传送带正转，正转指示灯“LP1”亮，当物料检测传感器“SE1”触发时，则传送带停止运行，正向传送指示灯“LP1”熄灭，且“SB1”失效。

（3）按反向传送按钮“SB2”，传送带反向运动，反向传送指示灯“LP5”亮，当反向传送检测传感器“SE2”检测到传送带上有工件时，则传送带停止运行，反转灯“LP5”熄灭，且按钮“SB2”失效。

（4）按停止按钮“ST1”时，系统停止运行，停止运行指示灯“LP7”亮。

（5）当传送带正向传送时按反向启动按钮“SB2”，或传送带反向传送时按正向启动按钮“SB1”，使系统停止运行，正反转切换故障灯“LP8”亮；当变频器出现变频故障时，变频故障指示灯“LP2”亮。

（6）当系统出现故障，不管是正反向切换和变频器故障，应按故障复位按钮“ST2”，使系统复位，故障指示灯“LP8”或“LP2”熄灭。

8. 实验报告要求

（1）系统初始化和系统复位的含义。

（2）根据物料传送单元的控制要求，画出设备运转的工艺流程图。

（3）本次实验用了哪些传感器？型号是什么？光电传感器有哪些种类？

（4）画出传感器、变频器和 PLC 端口的接线图。

（5）列表写出你是如何配置变频器功能码参数的。

（6）给 PLC 的各 I/O 端口分配输入/输出设备。（列表写出）

（7）根据物料传送单元系统控制要求，编写 PLC 程序。

（8）整个系统通过变频器调速。通过机电一体化控制箱上两个切换开关 SW1、SW2 的组合，实现物料传送单元以不同的速度运行，即：

若 SW1 在“SW11”，SW2 在“SW21”，物料传送单元通过变频器的电位计无级调速；

若 SW1 在“SW11”，SW2 在“SW22”，物料传送单元通过变频器以 10 Hz 的速度运行；

若 SW1 在“SW12”，SW2 在“SW21”，物料传送单元通过变频器以 15 Hz 的速度运行；

若 SW1 在“SW12”，SW2 在“SW22”，物料传送单元通过变频器以 20 Hz 的速度运行。

要求上机调试。

（9）用 PLC 程序实现物料传送单元的间隙运动。

（10）用程序实现间隙运动和用间隙机构实现间隙运动的差异。

（11）实验中遇到了哪些问题？是怎样解决的？

实验五

滑块传动单元控制实验

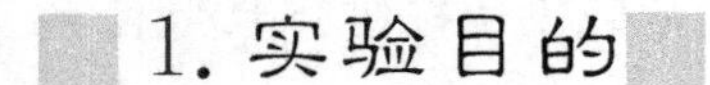

1. 实验目的

熟悉和掌握机电一体化控制系统的设计步骤，让学生对如何控制一个具体产品、怎样实现这种控制、怎样改进这种控制等有一个深刻的了解，且对系统控制单元、检测部件有一个感性认识。通过本次实验，可以使学生掌握怎样编写 PLC 应用程序，掌握变频器的应用方法、传感器的应用、控制系统各个部分如何协同工作，如何连接各个系统部件等。

2. 实验器材

- 机电一体化系统电气控制箱(包括 PLC、变频器、控制按钮、状态显示灯、各种外接端子)　　一台
- 可供编程的计算机　　一台
- PLC 主机和计算机连接的编程电缆　　一根
- 连接导线　　若干
- 电动机　　一台
- 欧姆龙 E2E 圆柱形接近开关　　两个
- 欧姆龙 EE-SX47/67 光电 U 形开关　　两个
- 机械执行机构(包括螺旋传动机构、直线滑动机构)　　若干

3. 欧姆龙 EE-SX47/67 和欧姆龙 E2E 传感器简介

1）欧姆龙 EE-SX47/67 传感器

(1) 外形。

欧姆龙 EE-SX47/67 传感器外形如图 5-1 所示。

图 5-1　欧姆龙 EE-SX47/67 传感器外形

(2) 种类。

欧姆龙 EE-SX47/67 传感器种类见表 5-1。

表 5-1 欧姆龙 EE-SX47/67 传感器种类

形状	检测方式	接线方式	检测距离	动作模式	显示灯模式	型号	
						NPN 输出	PNP 输出
标准型 	对射型（凹槽型）	接插件型（4 极）	5 mm（凹槽宽度）	遮光时 ON 入光时 ON（可切换）*	入光时灯亮	EE-SX670	EE-SX670P
					遮光时灯亮	EE-SX670A	EE-SX670R
				入光时 ON	入光时灯亮	EE-SX470	EE-SX470P
L 型 				遮光时 ON 入光时 ON（可切换）*	入光时灯亮	EE-SX671	EE-SX671P
					遮光时灯亮	EE-SX671A	EE-SX671R
				入光时 ON	入光时灯亮	EE-SX471	EE-SX471P
T 型 				遮光时 ON 入光时 ON（可切换）*	入光时灯亮	EE-SX672	EE-SX672P
					遮光时灯亮	EE-SX672A	EE-SX672R
				入光时 ON	入光时灯亮	EE-SX472	EE-SX472P
				遮光时 ON 入光时 ON（可切换）*	入光时灯亮	EE-SX673	EE-SX673P
					遮光时灯亮	EE-SX673A	EE-SX673R
				入光时 ON	入光时灯亮	EE-SX473	EE-SX473P
				遮光时 ON 入光时 ON（可切换）*	入光时灯亮	EE-SX674	EE-SX674P
					遮光时灯亮	EE-SX674A	EE-SX674R
				入光时 ON	入光时灯亮	EE-SX474	EE-SX474P

* 接插件的Ⓛ端子⊕开路时可作为遮光时 ON 型使用、通过Ⓛ端子与⊕端子短路可作为入光时 ON 型使用。当作为入光时 ON 型、备有使Ⓛ端子与⊕端子短路的接插件，有 EE-1001-1 可使用。

（3）输出段电路。

输出段电路见表 5-2、表 5-3。

表 5-2 欧姆龙 EE-SX47/67 传感器输出段电路（NPN 输出）

型号	动作状态	时间图	连接端子	输出回路
EE-SX670 EE-SX671 EE-SX672 EE-SX673 EE-SX674	入光时ON	入光显示灯（红） 入光时/遮光时 输出 灯亮/灯灭 晶体管 ON/OFF 负载1（继电器） 动作/复位 负载2 H/L	Ⓛ—⊕间短路时	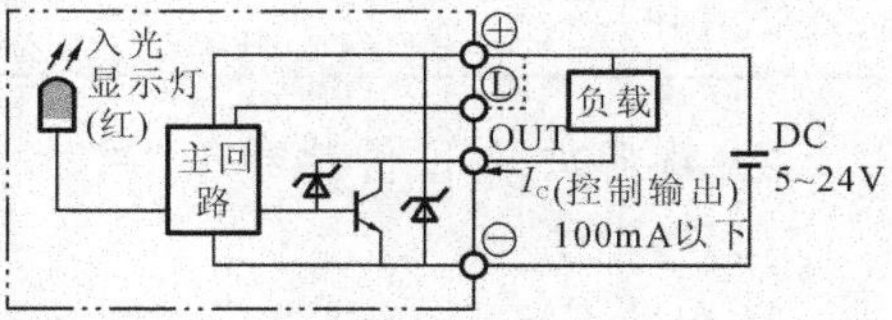 入光显示灯（红） 主回路 ⊕ Ⓛ OUT ⊖ 负载 I_C（控制输出）100mA以下 DC 5~24V
	遮光时ON	入光显示灯（红） 入光时/遮光时 输出 灯亮/灯灭 晶体管 ON/OFF 负载1（继电器） 动作/复位 负载2 H/L	Ⓛ—⊕间开路时	
EE-SX670A EE-SX671A EE-SX672A EE-SX673A EE-SX674A	入光时ON	入光显示灯（红） 入光时/遮光时 输出 灯亮/灯灭 晶体管 ON/OFF 负载1（继电器） 动作/复位 负载2 H/L	Ⓛ—⊕间短路时	
	遮光时ON	入光显示灯（红） 入光时/遮光时 输出 灯亮/灯灭 晶体管 ON/OFF 负载1（继电器） 动作/复位 负载2 H/L	Ⓛ—⊕间开路时	

续表

型号	动作状态	时间图	连接端子	输出回路
EE-SX470 EE-SX471 EE-SX472 EE-SX473 EE-SX474	入光时ON	入光显示灯(红) 入光时/遮光时 输出 灯亮/灯灭 晶体管 ON/OFF 负载1(继电器) 动作/复位 负载2 H/L	—	入光显示灯(红)　主回路　负载　OUT　I_c　⊕　⊖　DC 5~24V

表 5-3　欧姆龙 EE-SX47/67 传感器输出段电路(PNP 输出)

型号	动作状态	时间图	连接端子	输出回路
EE-SX670P EE-SX671P EE-SX672P EE-SX673P EE-SX674P	入光时ON	入光显示灯(红) 入光时/遮光时 输出 灯亮/灯灭 晶体管 ON/OFF 负载(继电器) 动作/复位	Ⓛ—⊕间短路时	入光显示灯(红)　主回路　⊕　Ⓛ　OUT　I_c　负载　⊖　DC 5~24V
	遮光时ON	入光显示灯(红) 入光时/遮光时 输出 灯亮/灯灭 晶体管 ON/OFF 负载(继电器) 动作/复位	Ⓛ—⊕间开路时	
EE-SX670R EE-SX671R EE-SX672R EE-SX673R EE-SX674R	入光时ON	入光显示灯(红) 入光时/遮光时 输出 灯亮/灯灭 晶体管 ON/OFF 负载(继电器) 动作/复位	Ⓛ—⊕间短路时	
	遮光时ON	入光显示灯(红) 入光时/遮光时 输出 灯亮/灯灭 晶体管 ON/OFF 负载(继电器) 动作/复位	Ⓛ—⊕间开路时	
EE-SX470P EE-SX471P EE-SX472P EE-SX473P EE-SX474P	入光时ON	入光显示灯(红) 入光时/遮光时 输出 灯亮/灯灭 晶体管 ON/OFF 负载(继电器) 动作/复位	—	入光显示灯(红)　主回路　⊕　OUT　I_c　负载　⊖　DC 5~24V

2）欧姆龙 E2E 传感器

(1) 外形。

欧姆龙 E2E 传感器外形如图 5-2 所示。

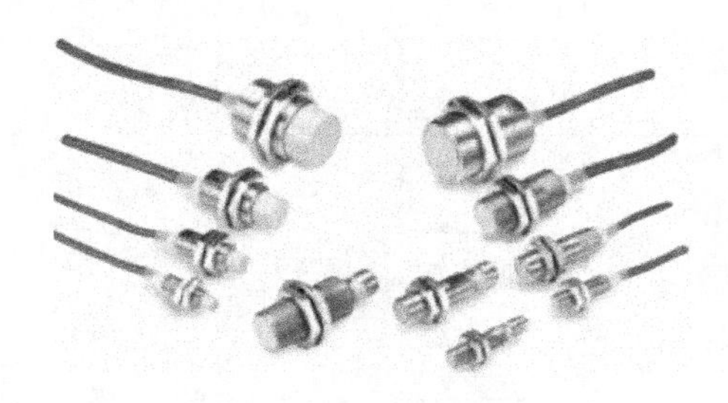

图 5-2　欧姆龙 E2E 传感器外形

（2）输出段电路。

欧姆龙 E2E 输出段电路如表 5-4 所示。

表 5-4　欧姆龙 E2E 输出段电路(直流三线式)

动作模式	输出规格	型　号	时序图	输出回路
NO	NPN输出	E2E-X□E□ 型 E2E-X□E□-M1型 E2E-X□E□-M3型	检测物体　有/无 动作指示灯(红)　点亮/熄灭 控制输出(褐—黑间)　ON/OFF 输出电压(黑—蓝间)　H/L	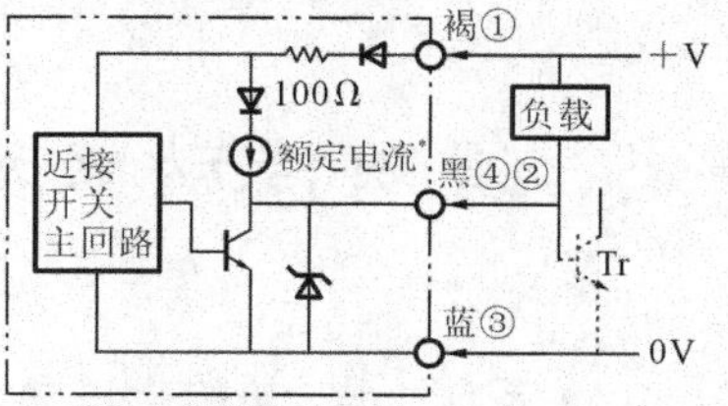 褐① +V　100Ω　负载　近接开关主回路　额定电流*　黑④②　Tr　蓝③　0V * 额定电流输出为1.5~3mA。 注：关于连接器型 NO型为①④③ NC型为①②③
NC			检测物体　有/无 动作指示灯(红)　点亮/熄灭 控制输出(褐—黑间)　ON/OFF 输出电压(黑—蓝间)　H/L	
NO	PNP输出	E2E-X□F□ 型 E2E-X□F□-M1型 E2E-X□F□-M3型	检测物体　有/无 动作指示灯(红)　点亮/熄灭 控制输出(蓝—黑间)　ON/OFF 输出电压(褐—黑间)　H/L	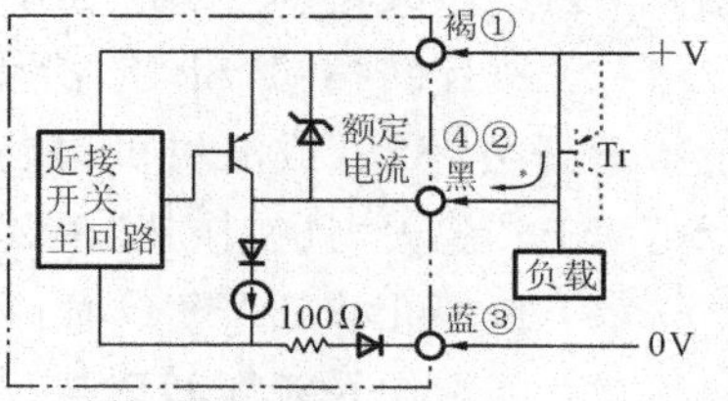 褐① +V　近接开关主回路　额定电流*　④②黑　Tr　负载　100Ω　蓝③　0V * 连接Tr回路时。 注：关于连接器型 NO型为①④③ NC型为①②③
NC			检测物体　有/无 动作指示灯(红)　点亮/熄灭 控制输出(褐—黑间)　ON/OFF 输出电压(黑—蓝间)　H/L	
NO	NPN开路回路输出	E2E-C/X□C□ 型	检测物体　有/无 动作指示灯(红)　点亮/熄灭 控制输出　ON/OFF	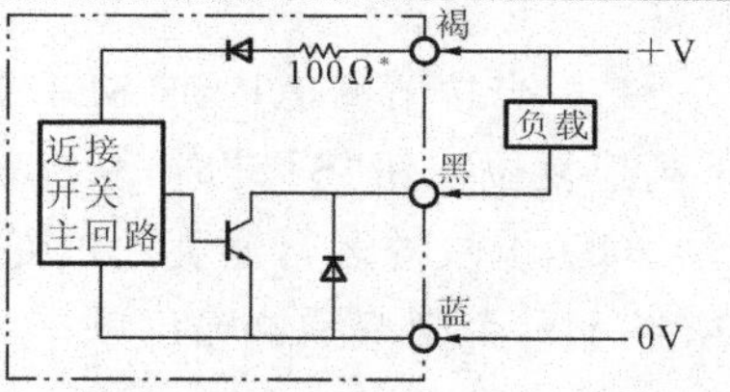 褐 +V　100Ω*　负载　近接开关主回路　黑　蓝　0V * E2C-CR6□ 无100Ω电阻。
NC			检测物体　有/无 动作指示灯(红)　点亮/熄灭 控制输出　ON/OFF	
NO	PNP开路回路输出	E2E-C/X□B□ 型	检测物体　有/无 动作指示灯(红)　点亮/熄灭 控制输出　ON/OFF	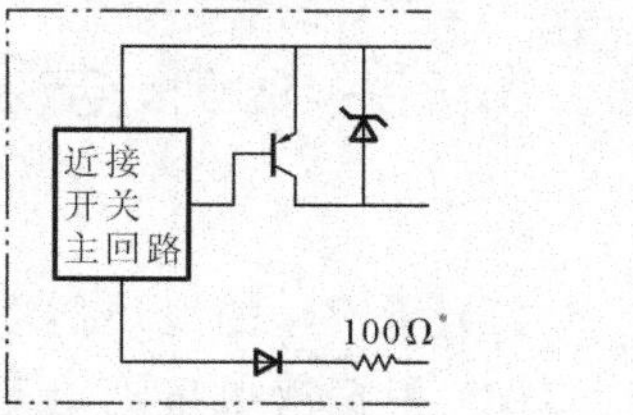 近接开关主回路　100Ω* * E2C-CR6□ 无100Ω电阻。
NC			检测物体　有/无 动作指示灯(红)　点亮/熄灭 控制输出　ON/OFF	

4. 实验内容

（1）利用现有的典型机械机构、传感器和电动机，组建一个滑块传动单元。

（2）根据滑块传动单元的控制要求，完成控制系统硬件设计。

（3）画出外围设备和 PLC 主机的硬件接线图，分配 I/O 地址，设置变频器参数，并完成相应的控制线路布线（控制按钮接线、状态显示灯接线、变频器参数设置及接线、传感器接线）。

(4) 确定系统工艺流程，编写 PLC 控制程序，上机调试，实现对滑块传动单元的控制。

注意 ① 在接线前，必须将控制柜的电源切断。

② 实验前先练习如何将传感器接入 PLC 输入电路，检查传感器状态。

③ 按要求调节光电传感器的检测范围。

5. 滑块传动单元系统控制要求

(1) 系统上电，初始化正常，准备运行指示灯“LP3”亮。

(2) 按正转按钮“SB1”，滑块传动系统正转，正转指示灯“LP1”亮，当螺旋传动机构上的光电接近开关“SE1”或滑块机构上的 U 形开关“SE3”触发时，则滑块传动系统停止运行，正转指示灯“LP1”熄灭，且使按钮“SB1”失效。

(3) 按反转按钮“SB2”，滑块传动系统反转，反转指示灯“LP5”亮，当螺旋传动机构上的光电接近开关“SE2”或滑块机构上的 U 形开关“SE4”触发时，则滑块传动系统停止运行，反转指示灯“LP5”熄灭，且使按钮“SB2”失效。

(4) 按停止按钮“ST1”时，系统停止运行，停止指示灯“LP7”亮。

(5) 当滑块系统正转时按反转按钮“SB2”，或系统在反转时按正转按钮“SB1”，使系统停止运行，正反转切换故障指示灯“LP8”亮。

(6) 当正反转切换故障指示灯“LP8”亮时，按下故障复位按钮“ST2”，使系统复位，故障指示灯“LP8”熄灭。

(7) 当按下高速按钮“SB3”时，系统将处于高速运动状态，高速运动指示灯“LP6”亮；当按下高速复位按钮“ST3”时，系统恢复原来状态，指示灯“LP6”熄灭。

(8) 滑块的运行速度通过变频器调速来实现。当按下高速按钮“SB3”时，变频器输出频率为 40 Hz，否则变频器输出频率为 10 Hz。

6. 实验报告要求

(1) 所组建的滑块传动单元用了哪些已有的典型机械机构和传感器。

(2) 根据滑块传动单元的控制要求，画出设备运转的工艺流程图。

(3) 画出传感器、变频器和 PLC 端口的接线图。

(4) 列表写出配置的变频器功能码参数。

(5) 给 PLC 的各 I/O 端口分配输入/输出设备(列表写出)。

(6) 根据滑块传动单元系统控制要求，编写 PLC 程序。

(7) 修改上述第(6)条编制的程序，要求按下“SB1”按钮，滑块自动往复运行；按下“SB2”按钮，滑块停止运行。

(8) 实验中遇到了哪些问题？是怎样解决的？

龙门式机械手控制实验

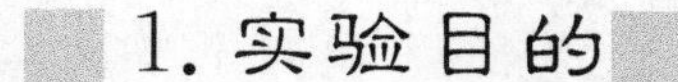

熟悉和掌握机电一体化控制系统的设计步骤，通过将气动元件与常用电气元件相结合，使学生进一步了解气动控制与电动控制如何能有效结合，如何通过这种结合实现对机械手的有效控制，拓展学生的知识面。通过本次实验，学生可以掌握怎样编写 PLC 应用程序，掌握变频器、传感器、各个气动元件(如电磁阀、阀岛、气缸等)的应用方法，如何将控制系统各个部分协同工作，如何连接各个系统部件，如何控制电动机等。

2. 实验器材

- 机电一体化系统电气控制箱(包括 PLC、变频器、控制按钮、状态显示灯、各种外接端子)　一台
- 可供编程的计算机　一台
- PLC 主机和计算机连接的编程电缆　一根
- 连接导线　若干
- 电动机　两台
- 气动元件(包括气管、气压表、电磁阀、阀岛、气缸)　若干
- 气缸配置磁感应传感器　六个
- 机械执行机构(由气缸和型材搭建的龙门机械手，传送带)　若干

3. 气动元件简介

1) 气压传动系统的组成

气压传动是以空气为工作介质进行动力和控制信号的传递，在机电一体化系统中得到了广泛应用。

一个典型的气动传动系统由四个部分组成。

① 气压发生装置　主体由空气压缩机构成，还配有储气罐等附属设备。它是气压传动系统的动力、能源装置，将原动机提供的机械能变成气体的压力能。

② 执行元件　它起能量转换作用，把压缩空气的压力能转换成工作装置的机械能，如气缸输出直线往复式机械能、摆动气缸和气马达分别输出回转摆动式和旋转式的机械能。

③ 控制元件　对系统压力实行控制，对执行机构的运动速度和方向实行控制。如压力阀对系统压力实行控制，流量阀对执行元件的速度进行控制，方向阀对执行机构运行方向进行控制。

④ 辅助元件　它是起辅助作用的元件，如对压缩空气进行冷却、过滤、油水分离、干燥、储存、消声等所需的冷却器、油水分离器、干燥器、消声器和元件之间连接的管道、管接头等均属辅助元件。

2）气动元件介绍

(1) 气缸。

气缸种类繁多，常见的是普通气缸，主要由缸筒、活塞、活塞杆、前后端盖等零件组成。气缸有直线往复式和摆动式两类，常用直线往复式气缸。直线往复式气缸又有单作用气缸和双作用气缸。

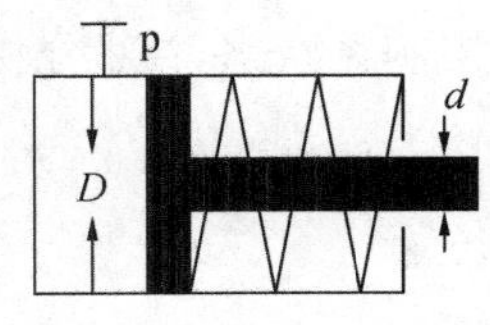

图 6-1　单作用气缸

① 单作用气缸　如图 6-1 所示，单作用气缸只有一个进、排气口，利用气压推动气缸完成一个方向的运动，反方向的运动靠弹簧力等来完成。

单作用气缸由于仅一端进、排气，总耗气量比较少。但利用弹簧复位的单作用气缸，由于需要克服弹簧力而减少了气缸的输出推力，且使输出推力受弹簧力随位移的变化而波动。安装弹簧需增加气缸的总长。

② 双作用气缸　如图 6-2 所示，双作用气缸利用气压推动活塞实现正、反两个方向的运动，一般在活塞两边各有一个进、排气口（p_1，p_2）。

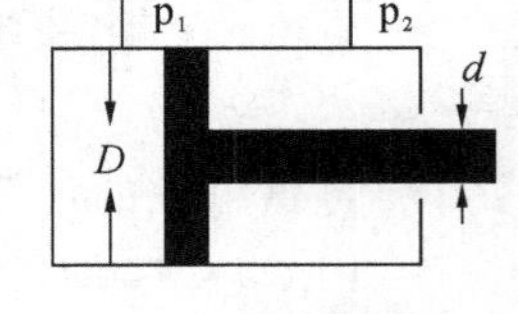

图 6-2　双作用气缸

当气压从左端进气口 p_1 进气，推动活塞杆伸出，右腔的废气从孔口 p_2 排出。反之，当气压从孔口 p_2 进入，活塞杆缩回，废气从孔口 p_1 排出。

(2) 气动控制阀。

气动控制阀在气动系统中起控制系统的压力、控制气动执行元件的速度和方向的作用，以保证执行元件按所需工况进行工作。

气动控制阀种类繁多，按作用分类有控制压力的压力控制阀，控制流量的流量控制阀和控制气流流动方向的方向控制阀。每一大类中又有多种类型，如图 6-3 所示。

- 气动控制阀
  - 压力控制阀
    - 调压阀（减压阀）
    - 定值器
    - 安全阀（溢流阀）
    - 顺序阀
  - 流量控制阀
    - 节流阀
    - 单向节流阀
    - 消声节流阀
  - 方向控制阀
    - 气控换向阀
    - 电磁控制换向阀
    - 人力控制换向阀
    - 机控换向阀
    - 单向型控制阀
    - 特殊换向阀

图 6-3　气动控制阀分类

根据实验的应用要求，主要介绍压力控制阀中的调压阀、流量控制阀中的节流阀、方向控制阀中的电磁控制换向阀。

① 调压阀(减压阀)。

在气压系统中,往往都是采取集中供气,然后由管路输送,经调压阀调定压力后供给气动装置使用。由于调压阀所调压力要低于气源压力,故调压阀又称为减压阀。调压阀除有减压功能外,还要求维持调定压力的稳定。

调压阀按调压方式来分,可分为直动式和先导式;从排气方式来分,可分为溢流式、非溢流式和恒量排气式;按结构来分,又可分为膜片式与活塞式等。

调压阀的主要工作原理是通过旋转手柄,调整阀口的大小,从而调整通过阀口的气体的气压大小。但是不同类型的调压阀,其工作原理又有所不同。

调压阀的主要特性如下所述。

• 调压范围　气压传动中使用的压力一般在 0～1 MPa,调压阀输出压力的可调范围称为调压范围,在此范围内调压可达到规定的精度。

• 额定流量　为限制气流通过调压阀的流量损失而规定了气流通过阀通道内的流速,再依据阀的各种通径尺寸计算允许通过的流量值,并对这些值加以规范化而得到的流量值称为额定流量。

• 流量特性　流量特性表示当输入压力不变时,阀的流量与输出压力之间的函数关系,依据这种关系描绘的曲线称为流量特性曲线。当流量发生变化时,输出压力的变化越小越好。

• 压力特性　压力特性表示流量为定值时,输出压力与输入压力之间的函数关系,反映这种关系的曲线称为压力特性曲线。当然,输出压力波动越小,调压阀的特性越好。

② 节流阀。

节流阀有固定节流阀和可调节流阀之分。一般节流阀由阀体、阀芯、调节杆、密封圈、进出口等组成。气体从输入口 p_1 进入,经过阀座与阀芯之间构成的节流通道从输出口 p_2 流出,如图 6-4 所示。

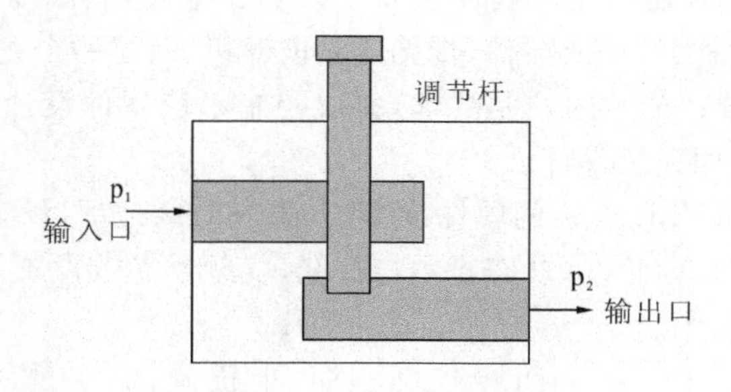

图 6-4　节流阀结构示意图

转动调节杆式阀芯上移,节流通道面积增大,流阻减小,输出口的流量增加;反之,转动调节杆式阀芯下移,节流通口面积减小,流阻增大,输出口的流量减小。

节流阀是依靠改变阀口的通流面积来调节流量的。对于节流阀的调节特性的要求是:调节流量范围要大,调节精度要高,调节杆的位移量与通过阀口的流量成线性比例关系。

③ 电磁控制换向阀。

利用电磁力来完成阀芯的移动实现换向的一种控制方式。由于它可以实现电、气联合作用,很容易与控制系统配合,目前应用很广泛。电磁控制换向阀分为直动式电磁阀和先导式电磁阀,两者又都可分为单电控、双电控两种。

如图 6-5 所示为两位五通的单电控电磁阀。当电磁阀断电时,电磁阀处于左位位置,即 R 口气流不通,气流从 B—S 通道输入,废气从 T—A 通道排出;当电磁阀通电时,电磁阀处于右

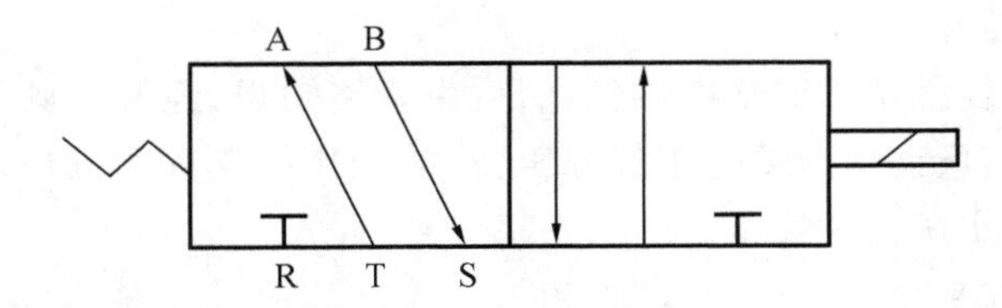

图 6-5　两位五通电磁阀

位位置，即 S 口不通，气流从 A—R 通道输入，废气从 T—B 通道排出。

(3) 气动辅助元件。

① 空气过滤器。

空气过滤器的作用是分离压缩空气中的凝结水分和油分、灰尘等杂质，使压缩空气达到气压传动系统所要求的净化程度。常用的过滤器有旋转离心式、垂直隔板式、水洗式、自动排水式等。

② 消声器。

在气动控制回路中，气缸、气马达及气阀等元件的排气速度较快，气体急剧膨胀产生刺耳的噪声，有时可达 100～120 dB。为了保护人体健康，噪声高于 80 dB 的都必须设法降低。消声器就是通过对气流的阻尼或增加排气面积等方法来降低排气速度和排气功率，从而达到降低噪声的目的。常用的消声器有三种：吸收型、膨胀干涉型和膨胀干涉吸收型。

4. 实验内容

(1) 熟悉和了解气动控制的基本控制设备：气压表、电磁阀、阀岛和各种气缸。利用现有的典型机械机构、各种型材、气动元器件、传感器和电动机，组建一个龙门式机械手单元。

(2) 根据龙门式机械手单元的控制要求，完成控制系统硬件设计。根据龙门式机械手单元的运动要求，完成气动回路的设计。

(3) 画出外围设备和 PLC 主机的硬件接线图，分配 I/O 地址，设置变频器参数，并完成相应的控制线路布线(控制按钮接线、状态显示灯接线、变频器参数设置及接线、传感器和气动元器件接线)，画出气动回路图。

(4) 确定系统工艺流程，编写 PLC 控制程序，上机调试，实现对龙门式机械手单元的控制。

注意　① 在接线前，必须将控制柜的电源切断。在连接气动回路时，必须先关闭单元总进气阀。

② 实验前先练习如何将传感器接入 PLC 输入电路。

③ 按要求调节光电传感器的检测范围。

5. 龙门式机械手单元的系统控制要求

(1) 系统通电，系统进行初始化，初始化位置设置为横向气缸停在最左边，纵向气缸停在最上边，手爪电磁阀断电。

(2) 按下“SB1”按钮，系统会处于手动状态，按下“ST1”按钮，系统会处于自动状态。

(3) 手动状态和自动状态切换之前，必须使系统复位。因为自动程序运行，必须先使系统处于初始状态，否则，系统会报错，此时，报警指示灯“LP4”(红色灯)会亮，并且机械手会停止动作。按下“SB3”按钮系统复位(即恢复系统的初始位置)。

(4) 当处于手动模式时：

① 按“ST2”按钮，横向气缸控制电磁阀左位“LHEM”上电，右位“RHEM”断电，气缸向左边运动，灯“LP1”灭，当到达位置后，横向气缸左边传感器“HSE1”灯亮，且灯“LP2”亮；

② 按“ST3”按钮，横向气缸控制电磁阀右位“RHEM”上电，左位“LHEM”断电，气缸向右边运动，灯“LP2”灭，当到达位置后，横向气缸右边传感器“HSE2”灯亮，且灯“LP1”亮；

③ 按“SB2”按钮，纵向气缸控制电磁阀“VEM”上电，气缸向下运动，灯“LP3”灭，当到达位置后，纵向气缸下边传感器“VSE1”灯亮，且灯“LP4”亮；

④ 将“SW2”旋到“SW2-1”挡，电磁铁上电；

⑤ 将“SW2”旋到“SW2-2”挡，电磁铁断电。

(5) 当处于自动模式时，按“SB2”按钮，系统自动按照已制定的工艺流程运行。

(6) 无论处于自动模式，还是处于手动模式，当选择开关在“SW1-2”位置时，系统停止运行。按下“SB3”按钮，系统恢复初始位置。

6. 实验报告要求

(1) 所组建的龙门式机械手单元用了哪些已有的典型机械机构、气动元器件和传感器？

(2) 根据龙门式机械手单元的控制要求，画出设备运转的工艺流程图，完成控制系统硬件线路设计，完成气动回路设计。

(3) 画出外围设备和 PLC 输入/输出端口的硬件接线图，分配 I/O 地址，完成相应的控制线路布线(控制按钮接线、状态显示灯接线、传感器和气动元器件接线)。画出气动回路图。

(4) 整理出调试好的全部梯形图程序，并加上注释。

(5) 实验中遇到了哪些问题？是怎样解决的？

实验七 步进电动机控制实验

1. 实验目的

(1) 了解步进电动机控制的工作原理和基本控制原理。

(2) 掌握用 PLC 控制步进电动机的方法。

2. 实验器材

- 机电一体化系统电气控制箱(包括 PLC、变频器、控制按钮、状态显示灯、各种外接端子)　一台
- 可供编程的计算机　一台
- PLC 主机和计算机连接的编程电缆　一根
- 连接导线　若干
- 步进电动机　一台
- 步进电动机驱动器　一个
- 由型材搭建的皮带传送机构　若干

3. 步进电动机简介

步进电动机是一种将电脉冲信号转换成直线或角位移的执行元件,也称脉冲电动机。对这种电动机施加一个电脉冲后,其转轴就转过一个角度,称为步距角;脉冲数增加,角位移随之增加;脉冲频率增高,则转速增高;分配脉冲的相序改变,则转向改变。从广义上讲,步进电动机是一种受脉冲信号控制的无刷式直流电动机,也可看做在一定频率范围内转速与控制脉冲频率同步的同步电动机。

本次实验中所用的步进电动机及其驱动器外形如图 7-1 所示,主要参数如表 7-1 所示,步进电动机与驱动器的接线如图 7-2 所示。

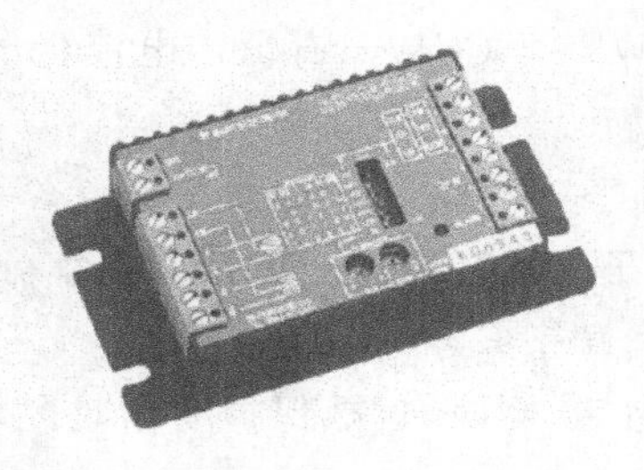

图 7-1　步进电动机及其驱动器外形

表 7-1　步进电动机及其驱动器参数

电　动　机		驱　动　器	
公司	SANYO DENKI	公司	SANYO DENKI
型号	103H7126-1442	型号	RD-0234M
供电电压	DC 24 V	电源电压	DC 18～40 V
步距角	1.8°	电源电流	相当于额定电流的 1.2 倍(最大)
电流	3 A/相	励磁电流	0.3～3.0 A/相
激磁方式	细分步 M=50	驱动方式	单极恒流斩波电路
最大静止转矩	13.0 kgf・cm(约 1.3 N・m)	响应频率	500 kpps(最大)
转动惯量	360 g・cm²		

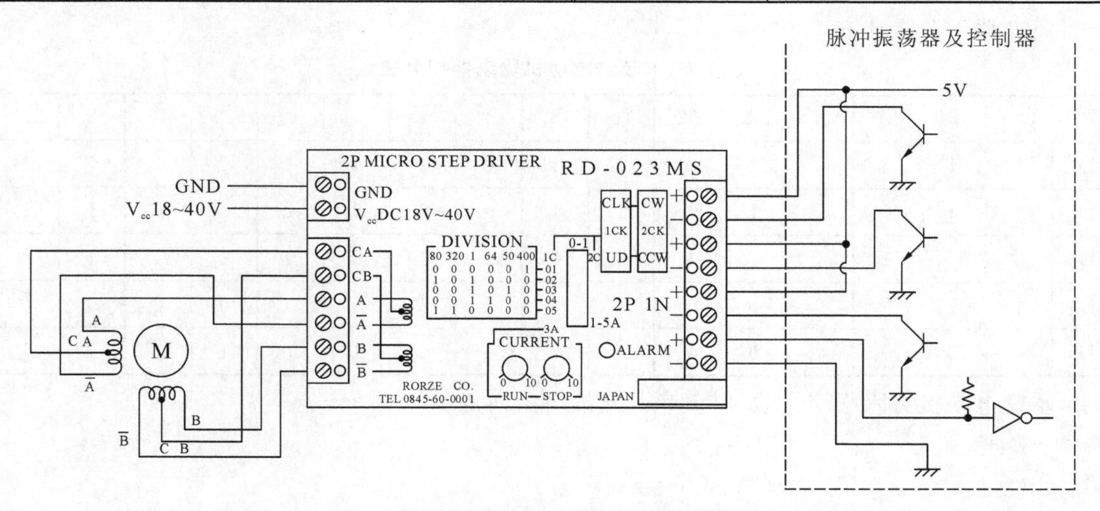

图 7-2　步进电动机与驱动器的接线图

• 脉冲输入及旋转方向

时钟脉冲输入及旋转方向输入端子(CW、CCW)

• 2CK 输入选择时

CW+,－　CW+至 CW－有脉冲电流(8～20 mA)流动时,电动机顺时针方向转。

CCW+,－　CCW+至 CCW－有脉冲电流(8～20 mA)流动时,电动机逆时针方向转。

• 1CK 输入选择时

CLK+,－　CLK+至 CLK－有脉冲电流(8～20 mA)流动时,按 UD 输入指定的运行方向。

UD+，－　CCW+至CCW－有恒定电流(8～20 mA)流动时，电动机逆时针方向运转，无电流时，电动机正转。

• 2P IN 输入端子

整步输入端，端子间加 5 V 电压的瞬间由细分步变为整步运行。

• ALARM 输出端子

驱动器温度约为 70 ℃时，过热保护动作时此端子开(ON)(集电极开始输出 ON)同时电动机停止转动。

• RUN CURRENT 调整旋钮

调节电动机运转时的励磁电流值。

• STOP CURRENT 调整旋钮

调节电动机停转时励磁电流的调节范围为运行电流的 0～80%，出厂时设为 50%。

• ALARM LED

过热电流保护时点亮。

• 电压低下保护电路

电源电压约为 17 V 以下时励磁电流关(OFF)。

• DIP 开关

(1) 时钟脉冲输入方式切换(2CK，1CK)。

(2) 细分数切换。

(3) 励磁电流 3 A/相及 1.5 A/相切换。

驱动器细分表如表 7-2 所示。

表 7-2　步进电动机驱动器细分表

	200	100	25	12.5	6.25	32	16	8	4	2	160	40	20	10	5	2.5
D1	0	1	1	0	1	1	0	1	0	1	1	1	0	1	0	1
D2	1	1	0	1	1	0	1	1	0	0	0	1	0	0	1	1
D3	0	0	1	1	1	0	0	0	1	1	0	0	1	1	1	1
D4	0	0	0	0	0	1	1	1	1	1	0	0	0	0	0	0
D5	0	0	0	0	0	0	0	0	0	0	1	1	1	1	1	1

步进电动机有六根引出线，其颜色与接线方式对应为

－B：橙　　　　+A：红

CB：白　　　　CA：黑

+B：蓝　　　　－A：黄

4. 高速脉冲指令及特殊寄存器

1) 基本概念

高速脉冲输出功能是指在可编程序控制器的某些输出端产生高速脉冲，用来驱动负载实现精确控制。使用高速脉冲输出功能时，PLC 主机应选用晶体管输出型，以满足高速输出的

频率要求。

(1) 高速脉冲输出的方式。

高速脉冲输出有高速脉冲串输出 PTO(pulse train output)和宽度可调脉冲输出 PWM (pulse width modulation)两种方式。

PTO 可以输出一串脉冲(占空比为 50%),用户可以控制脉冲的周期和个数,如图 7-3(a)所示。PWM 可以输出一串占空比可调的脉冲,用户可以控制脉冲的周期和脉宽,如图 7-3(b)所示。

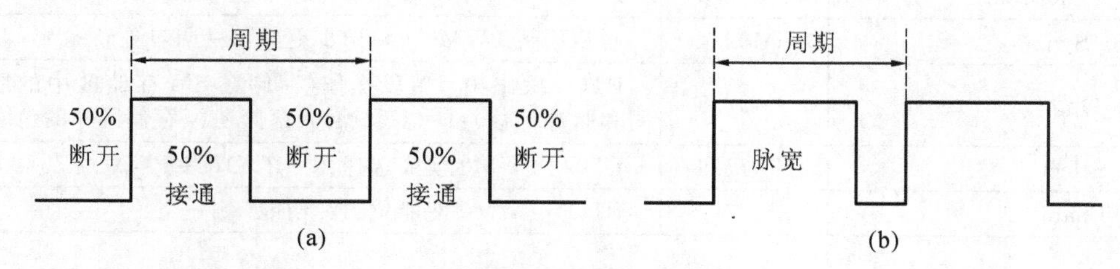

图 7-3 高速脉冲的输出方式

(2) 输出端子的确定。

每种 PLC 主机最多可提供两个高速脉冲输出端。高速脉冲的输出端不是任意选择的,必须按系统指定的输出点 Q 0.0 和Q 0.1来选择。

2) 脉冲输出指令

脉冲输出指令如图 7-4 所示。

功能为:检测用程序设置的特殊存储器位,激活由控制位定义的脉冲操作,从 Q 0.0 和 Q 0.1 输出高速脉冲。

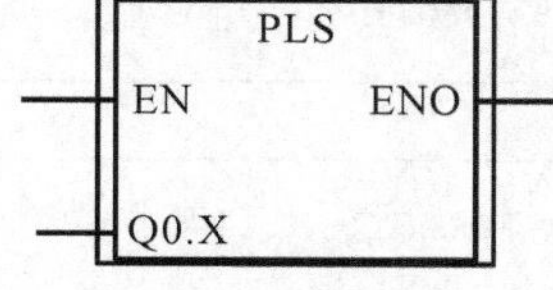

图 7-4 脉冲输出指令

3) 特殊标志寄存器

每个高速脉冲发生器对应一定数量的特殊寄存器,这些寄存器包括控制字节寄存器、状态字节寄存器和参数数值寄存器。它们用以控制高速脉冲的输出形式,反映输出状态和参数值。各寄存器的功能如表 7-3 所示。

表 7-3 相关高速输出寄存器功能表

S7-200 符号名称	SM 地址	功能
PTO0_Status	SMB66	PTO0 状态
	SM66.0_SM66.3	保留
PLS0_Err_Abort	SM66.4	PTO0 包络中止:0=无错,1=由于 δ 计算错误中止
PLS0_Cmd_Abort	SM66.5	PTO0 包络中止:0=未被用户命令中止;1=被用户命令中止
PLS0_Ovr	SM66.6	PTO0 管道溢出(使用外部管道时会由系统清除,否则必须由用户复位):0=无溢出;1=管道溢出
PLS0_Idle	SM66.7	PTO0 空闲位:0=PTO 正在执行,1=PTO 空闲

续表

S7-200 符号名称	SM 地址	功能
PLS0_Ctrl	SMB67	Q0.0 的控制脉冲链式输出和脉冲宽度调制
PLS0_Cycle_Update	SM67.0	PTO0/PWM0 更新周期时间值:1=写入新周期时间
PWM0_PW_Update	SM67.1	PWM0 更新脉冲宽度值:1=写入新脉冲宽度
PTO0_PC_Update	SM67.2	PTO0 更新脉冲计数值:1=写入新脉冲计数
PLS0_TimeBase	SM67.3	PTO0/PWM0 时基:0=1 ls/单位,1=1 ms/单位
PWM0_Sync	SM67.4	同步更新 PWM0:0=异步更新,1=同步更新
PTO0_Op	SM67.5	PTO0 操作:0=单段操作(存储在 SM 存储区中的周期时间和脉冲计数):1=多段操作(存储在 V 存储区中的包络表)
PLS0_Select	SM67.6	PTO0/PWM0 模式选择:0=PTO:1=PWM
PLS0_Enable	SM67.7	PTO0/PWM0 使能位:1=使能
PLS0_Cycle	SMW68	周期时间值、脉冲链式或脉冲宽度调制输出 0 字数据:PTO0/PWM0 周期时间值(2 至 65535 个时基单位)
PWM0_PW	SMW70	脉冲宽度调制输出 0 的脉冲宽度值 字数据:PWM0 脉冲宽度值(0 至 65535 个时基单位)
PTO0_PC	SMD72	脉冲链式输出 0 的脉冲计数值 双字数据:PTO0 脉冲计数值(1 至 2-32-1)
PLS1_Ctrl	SMB77	Q0.1 的控制脉冲链式输出和脉冲宽度调制
PLS1_Cycle_Update	SM77.0	PTO1/PWM1 更新周期时间值:1=写入新周期时间
PWM1_PW_Update	SM77.1	PWM1 更新脉冲宽度值:1=写入新脉冲宽度
PTO1_PC_Update	SM77.2	PTO1 更新脉冲计数值:1=写入新脉冲计数
PLS1_TimeBase	SM77.3	PTO1/PWM1 时间基准:0=1 ls/单位,1=1 ms/单位
PWM1_Sync	SM77.4	同步更新 PWM1:0=异步更新,1=同步更新
PTO1_Op	SM77.5	PTO1 操作:0=单段操作(存储在 SM 存储区中的周期时间和脉冲计数):1=多段操作(存储在 V 存储区中的包络表)
PLS1_Select	SM77.6	PTO1/PWM1 模式选择:0=PTO:1=PWM
PLS1_Enable	SM77.7	PTO1/PWM1 使能位:1=使能
PLS1_Cycle	SMW78	周期时间值、脉冲链式或脉冲宽度调制输出 1 字数据:PTO1/PWM1 周期时间值(2 至 65535 个时基单位)
PWM1_PW	SMW80	脉冲宽度调制输出 1 的脉冲宽度值 字数据:PWM1 脉冲宽度值(0 至 65535 个时基单位)
PTO1_PC	SMD82	脉冲链式输出 1 的脉冲计数值 双字数据:PTO1 脉冲计数值(1 至 2-32-1)

5. 实验内容

(1) 利用现有的典型机械机构、各种型材、传感器等，组建一个由步进电动机驱动的物料传送单元。

(2) 画出外围设备和 PLC 主机的硬件接线图，分配 I/O 地址，并完成相应的控制线路布线(控制按钮接线、状态显示灯接线、步进电动机和步进电动机驱动器接线、传感器接线等)。

(3) 编写 PLC 控制程序，要求按下“SB1”按钮，步进电动机正转的脉冲数为 4 000 个，频率为 1 kHz。按下“SB2”按钮，步进电动机反转的脉冲数为 4 000 个，频率为 1.5 kHz，并且在反转运行过程中遇到传感器应立即停止运行。

(4) 编写 PLC 控制程序，要求从 PLC 的 Q 0.0 输出一串脉冲。该脉冲宽度的初始值为 0.5 s，周期固定为 5 s，其脉宽每周期递增 0.5 s。当脉宽达到设定的 4.5 s 时，脉宽改为每周期递减 0.5 s，直到脉宽减为零为止。以上过程重复执行。

6. 实验报告要求

(1) 如何改变步进电动机的运行速度?

(2) 画出传感器、步进电动机驱动器、输入按钮和 PLC 端口的接线图。

(3) 编写 PLC 控制程序，要求步进电动机运行控制过程中，从 A 点加速到 B 点后匀速运行到 C 点，从 C 点开始减速到 D 点，完成这一过程后用指示灯显示。A 点和 D 点的脉冲频率为 2 kHz，B 点和 C 点的频率为 10 kHz，加速过程的脉冲数为 400 个，匀速转动的脉冲数为 4000 个，减速过程脉冲数为 200 个，工作过程如图 7-5 所示。

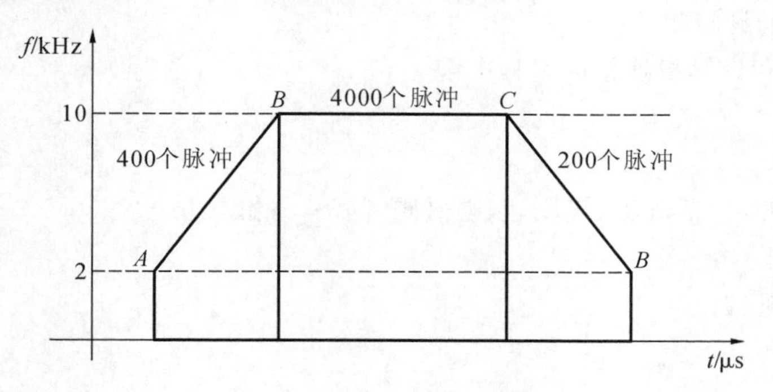

图 7-5　步进电动机工作过程

(4) 实验体会，包括实验过程中碰到的问题和解决的方法。

实验八

自动化装配实验

1. 实验目的

熟悉和掌握机电一体化控制系统的设计步骤，通过将气动元件与常用电气元件相结合，使学生对气动控制与电动控制如何能有效的结合，如何通过这种结合实现对工件进行自动化装配有一个深入的了解，进一步拓展学生的知识面。通过本次实验，可以使学生掌握怎样编写PLC应用程序，掌握变频器和步进电动机的应用方法，传感器的应用，各个气动元件（如电磁阀、阀岛、气缸等）的应用，控制系统各个部分如何协同工作，如何连接各个系统部件，电动机如何控制等，掌握这些技术在机械自动化装配中的应用。

2. 实验器材

- 机电一体化系统电气控制箱（包括 PLC、变频器、控制按钮、状态显示灯、各种外接端子） 一台
- 可供编程的计算机 一台
- PLC 主机和计算机连接的编程电缆 一根
- 连接导线 若干
- 电动机 两台
- 气动元器件（包括气管、气压表、电磁阀、阀岛、气缸） 若干
- 各种传感器 若干
- 机械执行机构 若干

3. 实验内容

（1）利用现有的典型机械机构、各种型材、传感器等，组建一个能自动完成不同零件的识别、分流、装配、检测的自动化装配单元。

（2）画出外围设备和 PLC 主机的硬件接线图，分配 I/O 地址，并完成相应的控制线路布

线(控制按钮接线、状态显示灯接线、步进电动机和步进电动机驱动器接线、传感器接线等)。

(3) 编写 PLC 控制程序,要求在组建的自动化装配单元中,可以模拟一个产品的装配过程。首先模拟零件的自动化传送、零件类别的识别、零件的自动分拣。然后,利用装配机械手模拟产品装配,模拟产品装配质量的自动化检测。

(4) 要求该系统的控制功能具有单步、手动、自动等控制模式。

4. 实验报告要求

(1) 你所组建的自动化装配单元用了哪些典型机构、气动元器件和传感器?

(2) 根据自动化装配单元的控制要求,画出设备运转的工艺流程图,完成控制系统硬件线路设计,完成气动回路设计。

(3) 画出外围设备和 PLC 输入/输出端口的硬件接线图,分配 I/O 地址,完成相应的控制线路布线(控制按钮接线、状态显示灯接线、传感器和气动元器件接线)。

(4) 整理出调试好的全部梯形图程序,并加上注释。

(5) 实验中遇到哪些问题?你是怎样解决的?

PLC与计算机通信实验

1. 实验目的

通过了解PLC与计算机之间的通信原理、基本掌握用Visual Basic编制PLC与计算机实时通信的方法，为以后监控被控对象打下良好的基础。

2. 实验器材

- 机电一体化系统电气控制箱（包括PLC、变频器、控制按钮、状态显示灯、各种外接端子） 一台
- 可供编程的计算机 一台
- PLC主机和计算机连接的编程电缆 一根
- 连接导线 若干

3. PLC与计算机通信原理

1）数据通信方式

数据通信按照通信数据传输方式可分为并行通信和串行通信。

（1）并行通信。

并行通信时数据的各个位同时传送，可以字或字节为单位并行进行。并行通信速度快，但用的通信线路多、成本高，故不宜进行远距离通信。

（2）串行通信。

串行通信时数据是一位一位地顺序传送，只用很少几根通信线。串行传送的速度低，但传送的距离可以很长。近年来串行通信发展很快，在分散型工业监控系统中普遍采用串行数据通信。

2）数据通信的主要技术指标

（1）通信波特率。

通信波特率是指单位时间内传送的信息量。信息量的单位可以是比特(bit)，也可以是字节(byte)，时间单位可以是秒(s)、分(min)，甚至小时(h)等。

（2）误码率。

误码率 $P_c = N_c/N$。N 为传输的码元（一位二进制数符号）数，N_c 为错误码元数。在计算机网络通信中，一般要求 P_c 为 10^{-5}～10^{-9}，甚至更小。

3）异步传输与同步传输

（1）异步传输。

异步传输每次传送一个字符，异步传输的数据格式如图 9-1 所示。首先发送起始位，接着是数据位，奇或偶校验位，最后为停止位。

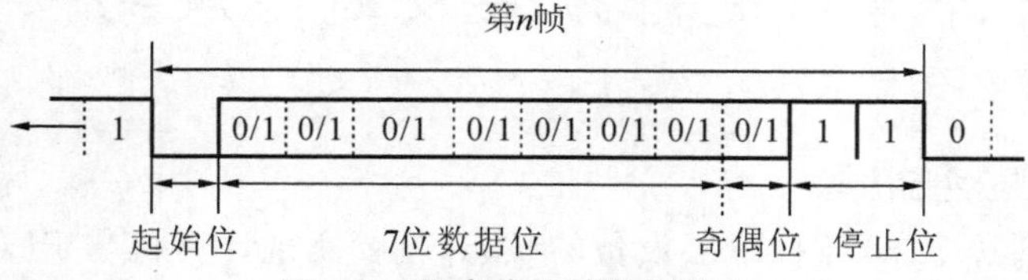

图 9-1 异步传输的数据格式

（2）同步传输。

同步传输每次传送 n 个字节的数据块。用 1 个或 2 个同步字符表示传送过程的开始，接着是 n 个字节的数据块，字符之间不允许有空隙，当没有字符发送时，则连续发送同步字符，如图 9-2 所示。

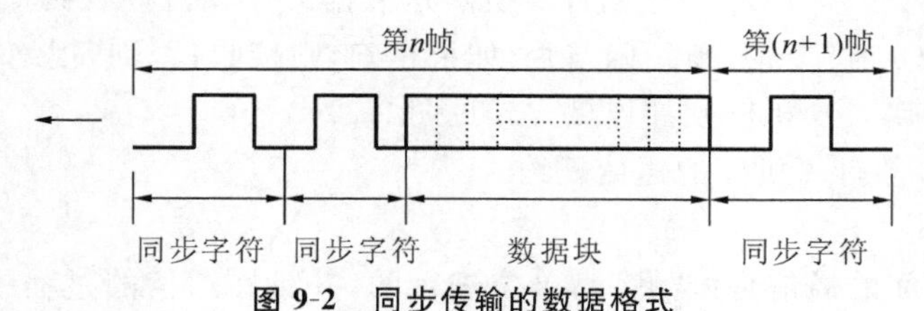

图 9-2 同步传输的数据格式

4）串行通信接口

常用的几种串行通信接口都是美国电子工业协会 EIA 公布的。它们是 RS-232C、RS-422 和 RS-485 等。

（1）RS-232C 串行通信接口。

RS-232C 接口既是一种协议标准，又是一种电气标准。它规定了终端设备和通信设备之间的信息交换的方式和功能。它采用按位串行的方式，数据传送速率低，抗干扰能力差，通信距离近。

（2）RS-422/RS-485 串行通信接口。

RS-422/RS-485 接口采用差动接收和差动发送的方式传送数据，有较高的通信速率和较强的抗干扰能力，适合远距离传输。RS-422 和 RS-485 的区别是前者为全双工型（收、发可同时进行）接口，后者为半双工型（收、发分时进行）接口。

5）差错控制

为了确保传送的数据准确无误，常在传送过程中进行相应的检测，以便及时发现问题，避免不正确数据被误用。

（1）奇偶校验。

奇偶校验是最为简单的一种验错码，编码规则是：首先将要传递的信息分组，各组信息后面附加一位校验位，校验位的取值使得整个码字中“1”的个数为奇数或偶数。如“1”的个数为奇数，则称奇校验；如“1”的个数为偶数，则称偶校验。

（2）循环冗余校验。

循环冗余校验是一种检错率高，并且占用通信资源少的检测方法。循环冗余校验的思想是：在发送端对传输序列进行一次除法操作，将进行除法操作的余数附加在传输信息的后面。在接受端，也进行同样的除法过程，如果接收端的除法结果不是零，则表明数据传输出现了错误，这种方法能检测出大约 99.95%的错误。

4. PLC 与计算机通信方法及通信规约

1）PLC 与计算机通信方法

计算机要能够通过 PLC 监控下层设备的状态，就要实现计算机与 PLC 间的通信，一般工业控制中都是采用 RS-232C 或 RS-422 通信接口实现的。计算机首先向 PLC 发送查询数据的指令（实际上是查询 PLC 中端子的状态和 DM 等区的值等），PLC 接收到计算机的指令后，进行校验（FCS 校验码），看其是否正确，如果正确，则向计算机传送数据（包含首尾校验字节）；否则，PLC 拒绝向计算机传送数据。计算机接收到 PLC 传送的数据，也要判断正确与否，如果正确，则接收；否则，拒绝接收。PLC 与计算机的硬件连接方式见图 9-3。

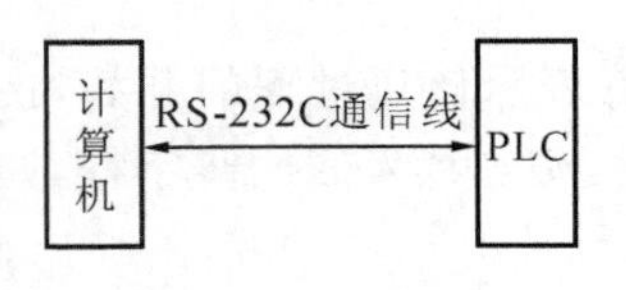

图 9-3 PLC 与计算机的硬件连接方式

2）欧姆龙 PLC 与计算机间的通信规约

（1）通信帧格式。

计算机与 PLC 间的通信是以“帧”为单位进行的，并且在通信的过程中，计算机具有更高的优先级。首先，计算机向 PLC 发出命令帧，然后，PLC 作出响应，向计算机发送响应帧。其中命令帧和响应帧的格式如下。

① 命令帧格式。为了方便计算机和 PLC 的通信，欧姆龙 CPMA 型 PLC 对在计算机连接通信中交换的命令和响应规定了相应的格式。当计算机发送一个命令时，命令数据格式如图 9-4 所示。

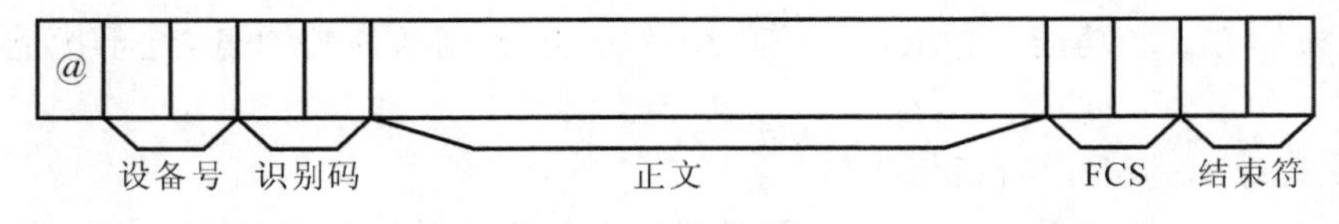

图 9-4 计算机命令帧格式

• 帧开始标志，用@表示。

• PLC 的设备号，用于上位机识别所连接的 PLC，可以为 00～31。

• 识别码为命令代码，用来设置用户希望 PLC 完成的操作，常用的有读命令 RD、写命令 WD 等。

• 正文用于存放要操作的数据在 PLC 中的地址及字长。

• FCS为帧检验代码，一旦通信出错，通过计算FCS可以及时发现。

• 结束符为“ * ”和回车符(CR)，表示命令结束。

例 9-1 @00 RD 0000 0001 □□ * ↓

此命令帧的含义为计算机读PLC的DM区，起始字位置为0000，读一个字的数据。

例 9-2 @00 WD 0000 0001 □□ * ↓

此命令帧的含义为计算机向PLC的DM区首地址为0000的字写数据，写的内容为0001。

② 响应帧格式。由PLC发出的对应于命令格式的响应帧格式如图9-5所示。

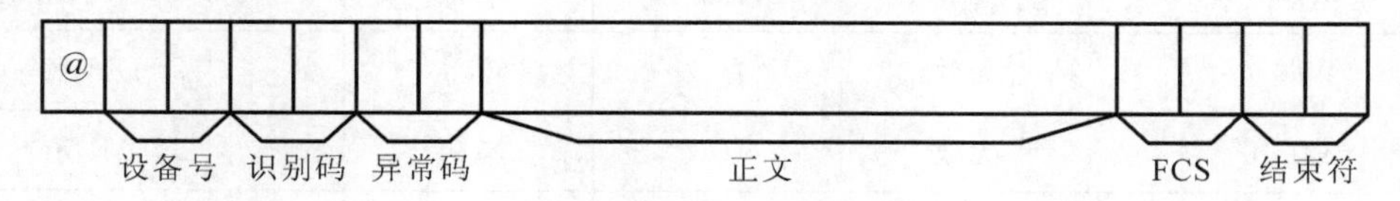

图 9-5 PLC响应帧格式

• 帧开始标志，用@表示。

• 发出响应帧的PLC设备号，可以为00～31。

• 识别码为命令代码，与上位机发出的命令码相同。

• 异常码，若为00，表示PLC已正确执行了上位机的命令，若为其他数值，表示出现故障，通信未成功。

• 正文用于存放PLC向上位机返回的数据。

• FCS为帧检验代码，一旦通信出错，通过计算FCS可以及时发现。

• 结束符为“ * ”和回车符(CR)，表示命令结束。

例 9-3 @00 RD 00 FFFF □□ * ↓

此命令帧为例9-1的响应帧，其含义为计算机已成功从DM0000中读出数据FFFF。

例 9-4 @00 WD 00 0001□□ * ↓

此命令帧为例9-2的响应帧，其含义为计算机已成功向DM0000写入数据0001。

③ 命令图表。表9-1中列出了常用计算机与PLC间进行通信的命令。

表 9-1 常用计算机与PLC间的通信命令

识 别 码	PC方式			名 称
	运行	监视	编程	
RR	有效	有效	有效	读IR/SR区
RL	有效	有效	有效	读LR区
RH	有效	有效	有效	读HR区
RC	有效	有效	有效	读TC的当前值
RG	有效	有效	有效	读TC状态
RD	有效	有效	有效	读DM区
RJ	有效	有效	有效	读AR区

续表

识别码	PC方式			名称
	运行	监视	编程	
WR	无效	有效	有效	写 IR/SR 区
WL	无效	有效	有效	写 LR 区
WH	无效	有效	有效	写 HR 区
WC	无效	有效	有效	写 TC 的当前值
WD	无效	有效	有效	写 DM 区
WJ	无效	有效	有效	写 AR 区
SC	有效	有效	有效	写 PLC 的运行状态
MM	有效	有效	有效	读 PLC 的类型
KS	无效	有效	有效	强制置位
KR	无效	有效	有效	强制复位

④ 异常码汇总。异常码是在应答帧中返回的，内容见表 9-2。

表 9-2 异常码的含义

异常码	含义
00	正常完成
01	PLC 在运行方式下不能执行
02	PLC 在监控方式下不能执行
04	地址超出区域
13	FCS 校验出错
14	格式出错
15	入口码数据错误，数据超出规定范围

(2) FCS 校验。

FCS 校验是一种冗余校验字符编码方法。所谓冗余校验是指由发送方加入，而由接收方予以校验。若接收方校验的结果与发送方加入的相同，说明通信无误；否则接收方要求重发，或作通信出错提示。

欧姆龙公司的 PLC 网采用 FCS 校验，即纵向异或校验。其原理为：接收方对从帧开始到帧正文结束的所有字符的 ASCII 码进行“异或”操作，所得结果再转换为 ASCII 码，接着与帧中所含的 FCS 作比较从而检查帧在通信过程中是否出错。

例 9-5 @ 00 RR 00 4042 42 *↓

设备号 命令 异常码 正文 FCS 结束符

FCS 42 的计算过程如下：

@ 0100 0000 (ASCII 码)
0 0011 0000
0 0011 0000
R 0101 0010
R 0101 0010
0 0011 0000
0 0011 0000
4 0011 0100
0 0011 0000
4 0011 0100
2 0011 0010 XOR(异或)

0100 0010 (异或结果)

FCS：0011 0100(4)0011 0010(2)(转换为 ASCII 码)

5. Visual Basic 6.0 串行通信编程基础

为了充分利用计算机的强大功能，计算机与 PLC 之间采用主从应答方式。计算机始终具有初始传送优先权，它主动向 PLC 发出命令请求。PLC 接收到请求后，自动返回响应。两者间的通信程序将运行在计算机上。

1) VB 开发环境

(1) 启动 Visual Basic 编程环境。

① 左键点击 Windows 桌面左下角的"开始"按钮。

② 选择"程序"→"Microsoft Visual Basic 6.0 中文版"。

③ 左键点击其中的"Microsoft Visual Basic 6.0 中文版"，如图 9-6 所示。

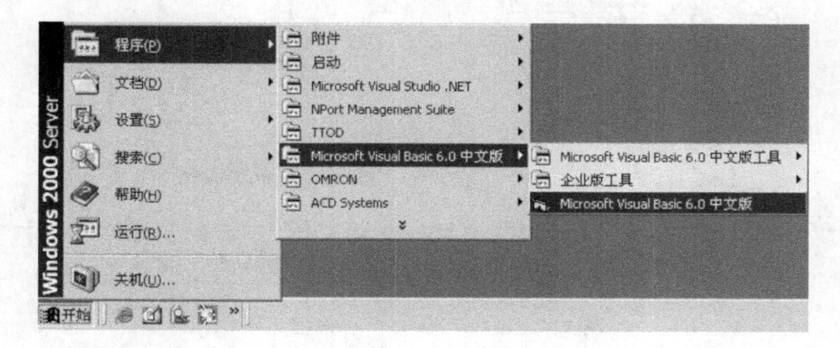

图 9-6 启动 Microsoft Visual Basic 6.0 **中文版**

当用户启动 Microsoft Visual Basic 6.0 之后，屏幕将显示 VB 的编程环境，并且弹出一个对话框，如图 9-7 所示。

在新建属性页中，选中标准 EXE，然后单击"打开(O)"按钮，系统经过一段时间准备后，就可创建一个新工程，并且显示一默认窗体，作为这一新工程的主窗体。除此之外，用户也可通

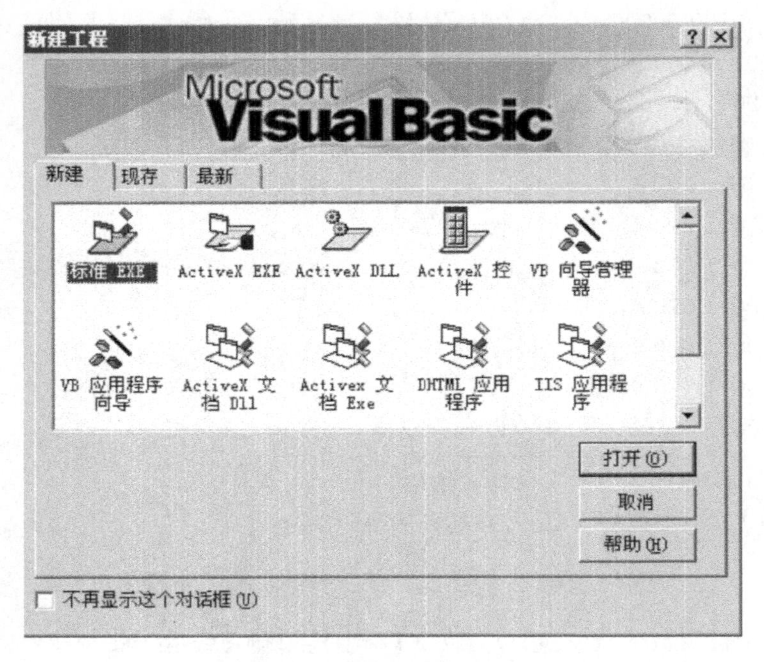

图 9-7 “新建工程”对话框

过选择“文件”→“新建工程”来建立新工程。图 9-8 为建立新工程后的 Visual Basic 6.0 编程环境。

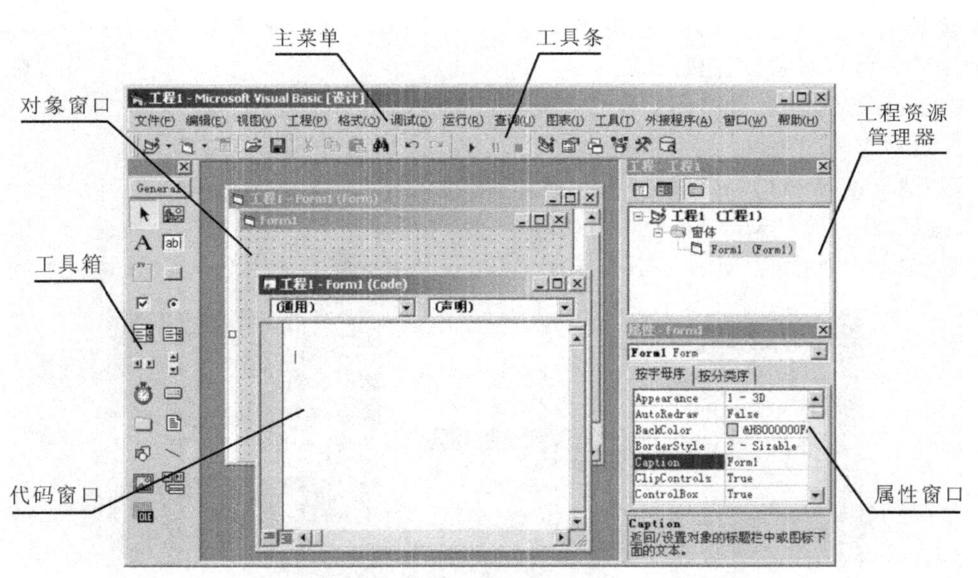

图 9-8 Visual Basic 6.0 编程环境

编程环境的各个组成部分的主要功能如下。

- 对象窗口用于设计人机界面。
- 代码窗口用于进行程序编制。
- 工具箱用于提供常用控件。
- 属性窗口用于显示所选控件的属性；
- 工程资源管理器可对程序中涉及的工程对象、窗体对象、控件对象、模块、类模块等资源进行综合管理。

(2) 保存工程。

选择"文件"→"保存工程"后,如果当前工程已被保存过,则直接按原来的名称保存在原来的路径下。若从未保存过,则系统显示如图9-9所示的对话框提示用户依次保存窗体文件、模块文件、工程文件等。

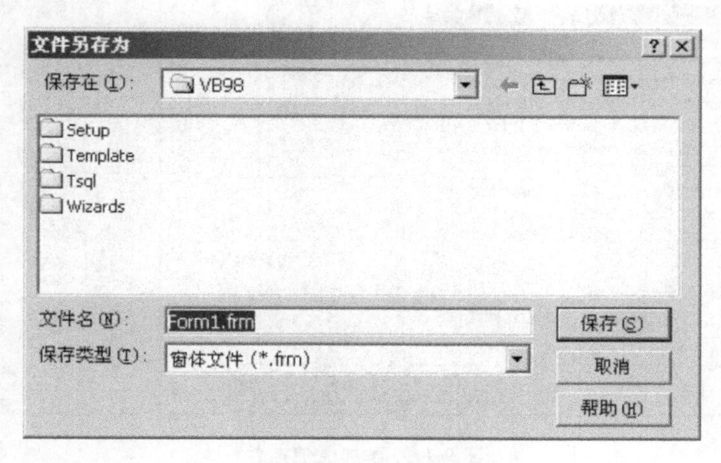

图9-9 保存工程对话框

2) 串行通信组件

MSComm是Microsoft公司提供的用于串行通信编程的ActiveX控件。它封装了较为复杂的API通信函数,大大简化了编程的复杂程度。本节将介绍如何在工程中引入MSComm控件及其常用属性。

(1) 串行通信控件的引用。

引用步骤如下。

① 选择"工程"→"部件"菜单命令,如图9-10所示。

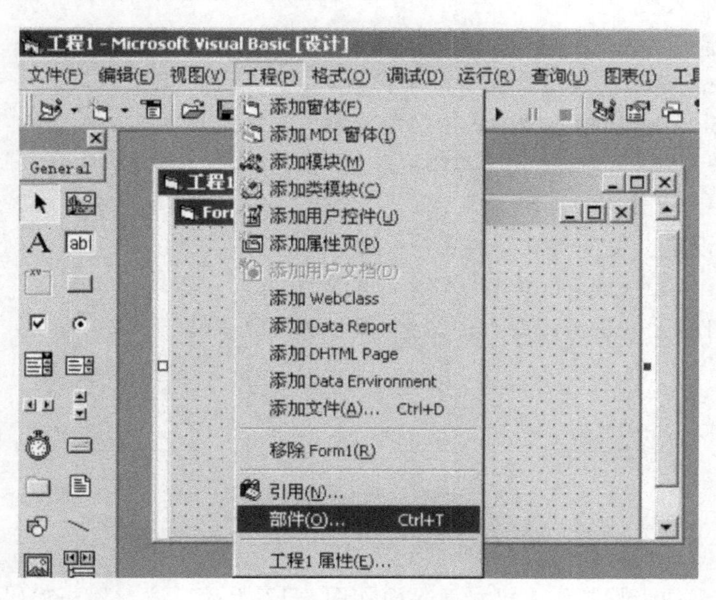

图9-10 选择对话框

② 在弹出的“部件”对话框上(见图 9-11),单击控件属性页,选择“Microsoft Comm Control 6.0”的选项,再单击“确定”按钮,则在工具箱上添加一个通信控件。

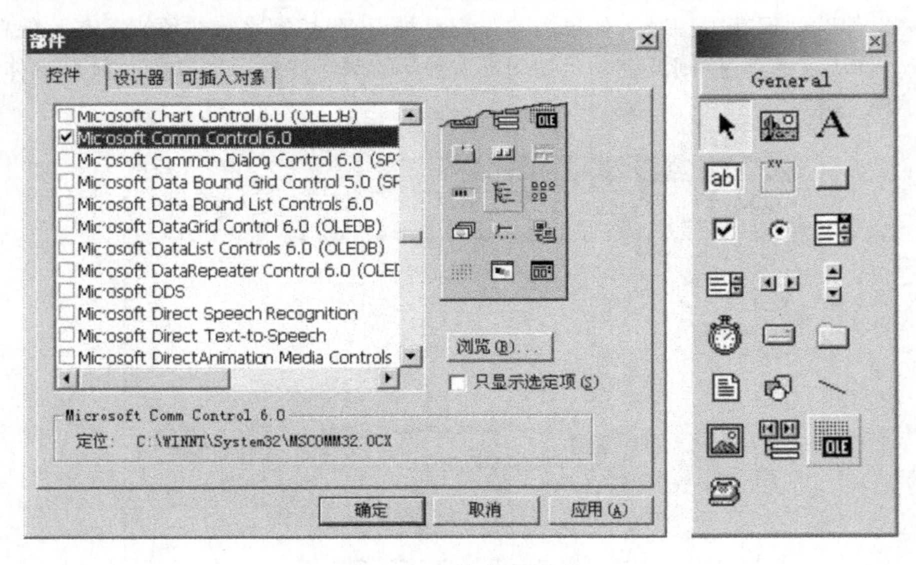

图 9-11 添加通信控件

(2) 串行通信控件的属性。

MSComm 控件的主要属性如下。

CommPort:设定通信连接端口号,程序必须指定所要使用的串行端口号,Windows 系统使用所设定的端口与外界通信。

PortOpen:设定通信口状态,若为真,通信端口打开;否则关闭。

Settings:设定通信口参数,其格式是“bbbb,p,d,s”,其中 bbbb 为通信速率(波特率),p 为通信检查方式(奇偶校验),d 为数据位数,s 为停止位数,其设定应与 PLC 的设定一致。

Input:读入输入缓冲区中的字符。

Output:将字符写入输出缓冲区。

InBufferCount:传回接收缓冲区中的字符数。

OutBufferCount:传回输出缓冲区中的字符数。

InputLen:设定串行端口读入字符串的长度。

InputMode:设定接收数据的方式。

Rthreshold:设定引发接收事件的字符数。

CommEvent:传回 OnComm 事件发生时的数值码。

OnComm 事件:无论是错误或事件发生,都会触发此事件。

6. 实验内容

1) 命令传送与响应接收

按附录 A 给出的步骤制作人机对话界面如图 9-12 所示。输入程序代码,运行程序后,在命令区文本框中输入命令帧,单击“发命令”按钮,此时命令帧将通过串口到达 PLC;单击“接

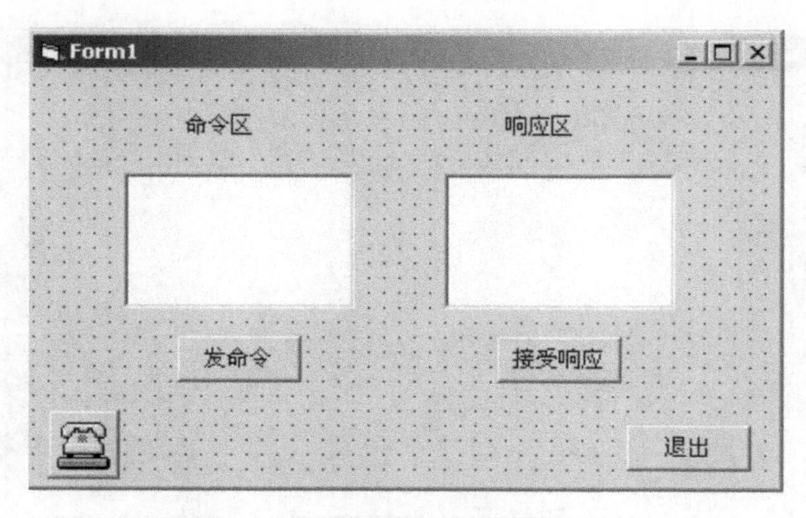

图 9-12 命令传送与响应接收人机对话界面

受响应"按钮，将读取到的 PLC 中的内容以响应帧的方式在响应区的文本框中显示。

如要求计算机读取 PLC 的 DM 区，起始字位置为 0000 的一个字的数据，那么在命令区文本框中输入命令帧为@00RD00000001，利用机电一体化实验器材运行本程序后的一个可能结果如图 9-13 所示。

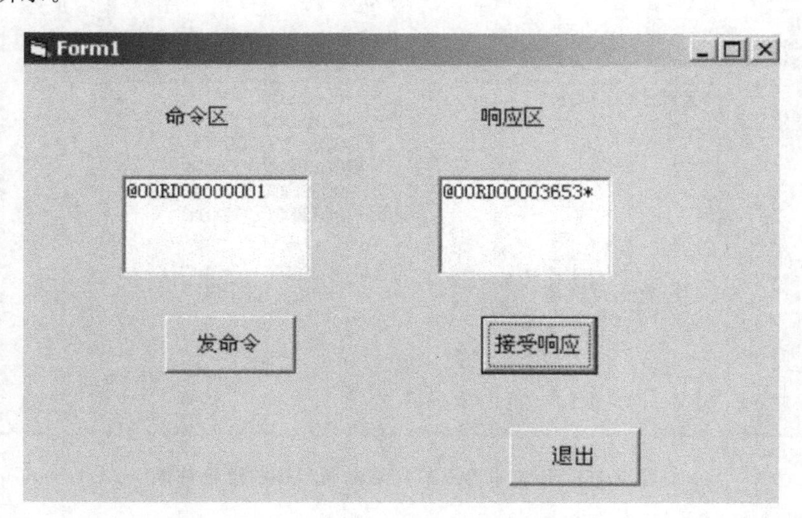

图 9-13 命令传送与响应接收运行结果

注意：运行通信程序时，请先用 CX-P 程序检查 PLC 的串口通信参数是否和程序中设置的上位机的串口通信参数一致。

2）命令和响应的自动发收

按附录 A 给出的步骤制作人机对话界面如图 9-14 所示。输入程序代码，运行程序后，在命令区文本框中输入命令帧，单击"启动定时器"按钮，此时命令帧将通过串口到达 PLC，然后自动将读取到的 PLC 中的内容以响应帧的方式在响应区的文本框中显示。本程序使用了定时器控件，实现上位机对 PLC 进行命令和响应的自动发送和接收。

若要求计算机读取 PLC 的 IR/SR 区，起始字位置为 0000 的每一个位的数据，那么在命令区文本框中输入命令帧 @00RR00000001，利用机电一体化实验器材运行本程序后的一个

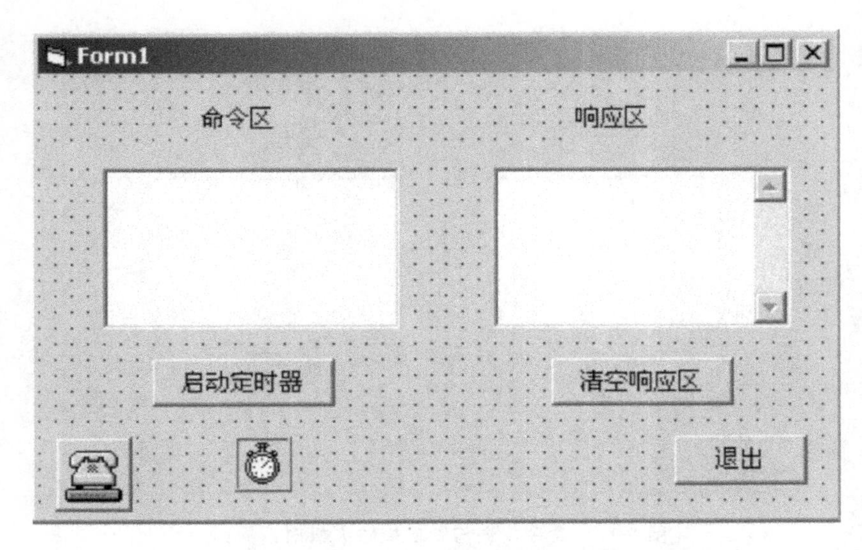

图 9-14　命令和响应的自动发送和接收人机对话界面

可能的结果如图 9-15 所示。

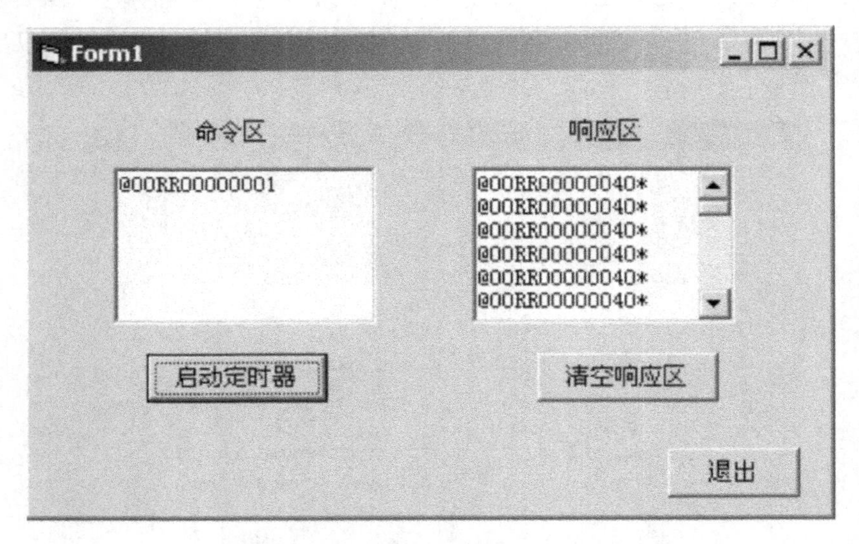

图 9-15　命令和响应的自动发送和接收运行结果

3）响应帧的数据分析及状态显示

按附录 A 给出的步骤制作的人机对话界面如图 9-16 所示。输入程序代码，运行程序后，在命令区文本框中输入命令帧，单击“发命令”按钮，此时命令帧将通过串口到达 PLC；单击“接受响应”按钮，将读取到的 PLC 中的内容以响应帧的方式在响应区的文本框中显示；单击“状态显示”按钮，对正确的响应帧进行数据分析，并进行指定数据位的状态显示。本程序对上位机接收到的响应帧进行数据处理与分析，若通信命令被正确执行并且 FCS 校验正确，则选择前四个数据位上的值，通过 Shape 控件的颜色变化来显示分析结果，否则舍弃响应帧。

若要求计算机读取 PLC 的 IR/SR 区，起始字位置为 0010 的每一个位的数据，那么在命令区文本框中输入命令帧 @00RR00100001，利用机电一体化实验器材运行本程序后的一个可能的结果如图 9-17、图 9-18 所示。

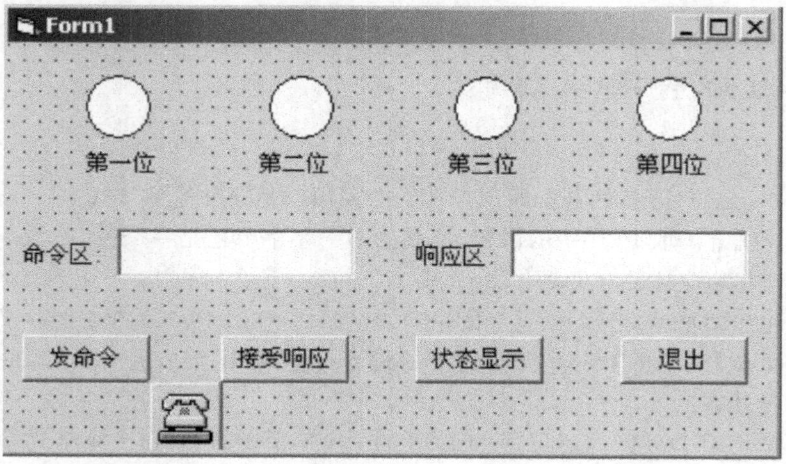

图 9-16　响应帧的数据分析及状态显示人机对话界面

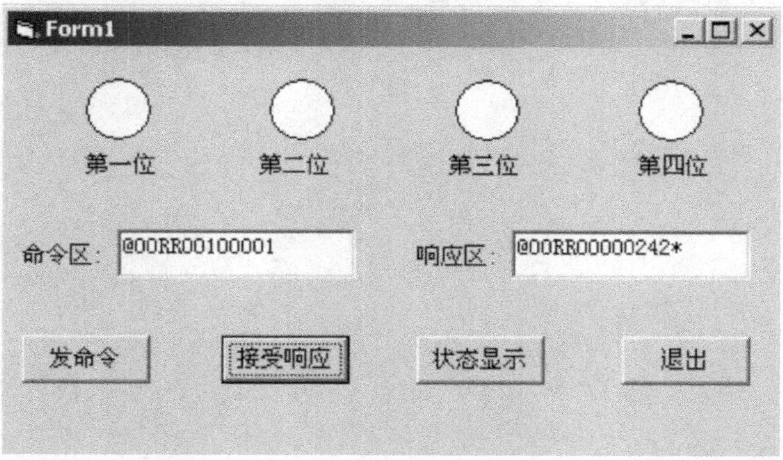

图 9-17　单击“接受响应”按钮的结果

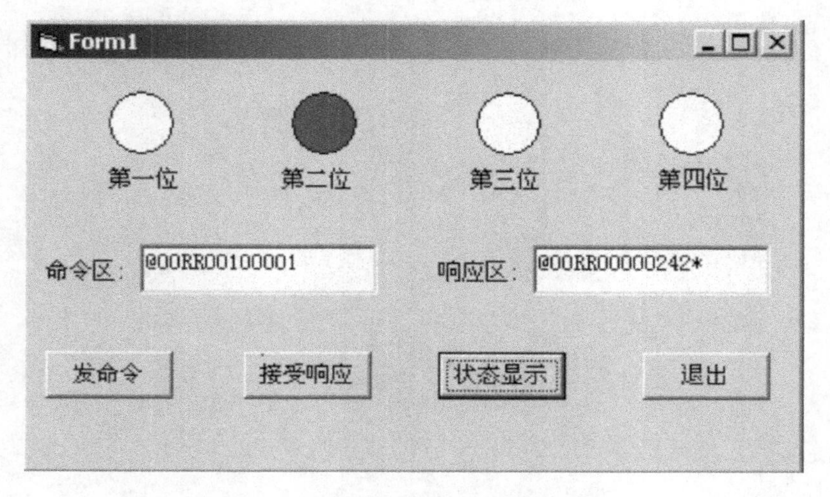

图 9-18　单击“状态显示”按钮的结果

7. 实验报告要求

(1) PLC 与上位机通信的基本原理是什么？采用的是何种通信方式？

(2) 在计算机上读取 PLC 中的内容，读到的是一个字节还是一个位。

(3) 命令帧和响应帧的含义是什么？

(4) 解释@00RD00003653*、@00RR00000242*、@00RR00100001 的含义。

(5) 若要读取 PLC 输出端口 1100 通道的内容，命令帧的内容是什么？你机器中读到的响应帧的内容是什么？

(6) 要读取 PLC DM 区起始位置为 0010 的一个字节的数据，命令帧格式是什么？

(7) 编写程序，要求能读出 1103 位的数据，并且上机调试。

(8) 实验中你遇到了哪些问题？又是怎样解决的？

实验十 物料传送(滑块传动)单元的远程监控实验

1. 实验目的

进一步熟悉 PLC 与计算机之间通信的原理，掌握在工控领域中的实时监控方法，能用 Visual Basic 编制对底层设备运行状态进行实时监视和控制的应用软件。

2. 实验器材

· 机电一体化系统电气控制箱(包括 PLC、变频器、控制按钮、状态显示灯、各种外接端子)	一台
· 可供编程的计算机	一台
· PLC 主机和计算机连接的编程电缆	一根
· 连接导线	若干
· 电动机	若干
· 传感器	若干
· 执行机构	若干
· 型材	若干

3. 实验内容

在实验四或实验五的基础上编写物料传送(滑块传动)单元的远程监控程序，要求具有远程监控的人机交互对话框和需要被监控的对象(如传感器、执行机构、设备运行等)状态显示，实现对物料传送(滑块传动)单元的远程监视和控制。

(1) 设计监控界面(包括人机交互方式，需监控对象的运行状态等)。

(2) 开发监控程序并上机调试。

对底层设备运行控制采用两种方式。

① 监视方式。此时人机界面上的控制模板处于无效状态，系统只能通过控制柜控制，人

机界面实时监视系统的状态,并显示。

② 操作控制方式。此时系统只能通过人机界面上的控制模块操作,控制柜上的控制按钮失效。

4. 实验报告要求

(1) 为什么要开展远程监视和控制的工作?怎样进行远程监控?

(2) 如何设计监控界面?需考虑哪些因素?

(3) 整理出调试好的远程监控程序,并加上注释。

(4) 实验中遇到了哪些问题?你是怎样解决的?谈谈本次实验的心得体会。

实验十一 自主创意系统控制实验

1. 实验目的

进一步熟悉和掌握机电一体化系统的构建和控制系统的设计步骤，掌握构建一个完整的机电一体化系统的原理和方法。

2. 实验器材

- 机电一体化系统电气控制箱（包括 PLC、变频器、控制按钮、状态显示灯、各种外接端子） 一台
- 可供编程的计算机 一台
- PLC 主机和计算机连接的编程电缆 一根
- 连接导线 若干
- 电动机 一台
- 传感器 若干
- 执行机构 若干
- 各种型材 若干

3. 实验内容

发挥自己的想象力，根据自己的创意构想，完成一个创意组合，用 PLC 对新的创意组合机构进行控制，并且能对新的创意机构进行远程监视和控制。

4. 实验报告要求

（1）试述机电一体化控制系统的设计步骤和方法。

（2）试设计机电一体化机械系统，画出被控对象的工艺流程图。

（3）试设计机电一体化控制系统，画出流程图。试写出 PLC 的 I/O 分配表，画出接线图。

（4）试写出经调试通过的机械系统的控制梯形图。

（5）整理出调试好的远程监控程序，并加上注释。

（6）总结调试经验，以及本次实验的心得体会。

PLC与计算机通信程序源代码

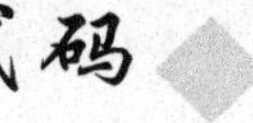

A.1 命令传送与响应接收

1）界面制作步骤

① 打开 Visual Basic 6.0，建立一个新工程。

② 在窗体上安排一个 MSComm 控件，作为串行通信的通道。

③ 安排两个 Label 对象，其 Caption 属性分别为“命令区”和“响应区”，用于提示。

④ 安排两个文本框控件，分别对应“命令区”和“响应区”，用于填写命令和显示接收到的响应。

⑤ 安排两个命令按钮控件，在其 Caption 属性中分别填入“发命令”和“接受响应”，用于命令的发送和响应的接收。

⑥ 安排一个命令按钮，在其 Caption 属性中填入“退出”，用于结束程序。

2）代码编写

① 双击窗体的空白处，进入程序代码编辑窗口，在 Form_Load 事件中输入以下代码，进行串行通信控件的初始化。

```
MSComm.CommPort=1                 '使用串口 Com1
MSComm.Settings="9600,E,7,2"      '波特率 9600，偶校验，7 位数据位，2 位停止位
MSComm.PortOpen=True              '打开通信端口，准备通信
```

② 双击“发命令”按钮控件，进入程序代码编辑窗口，在其 Click 事件中输入以下代码。

```
Dim strSend As String
  Dim strOutput As String
StrSend=TxtSend.Text              '从命令区的文本框中读取命令(不含校验码和结
                                  束码)
strOutput=strSend + FCS(strSend)+"*"+Chr$(13)
                                  'FCS 为计算校验的函数，给命令添加校验码和结
                                  束码，组成命令帧
  MSComm.Output=strOutput         '利用串口向 PLC 传输命令帧
```

③ 编制计算输入帧的校验码的 FCS 函数，在程序代码编辑窗口，输入以下代码。

```
Function FCS(ByVal InputStr As String) As String
    Dim Slen,i,Xorresult As Integer
    Dim Tempfes As String
    Slen=Len(InputStr)            '求输入字符串长度
```

```
    Xorresult=0
    For i=1 To Slen
        Xorresult=Xorresult Xor Asc(Mid$(InputStr,i,1))        '按位异或
    Next i
    Tempfes=Hex$(Xorresult)                                    '转化为十六进制数
    If Len(Tempfes)=1 Then Tempfes="0"+Tempfes
    FCS=Tempfes
End Function
```

其中：参数 InputStr 为待添加校验码的命令；

返回值为该命令的校验码。

④ 双击"接受响应"按钮控件，进入程序代码编辑窗口，在其 Click 事件中输入以下代码。

```
If MSComm.InBufferCount<15Then
    TxtReceive.Text="响应帧未读完或通信出现故障，请稍后再试"
Else
    TxtReceive.Text=MSComm.Input          '将计算机接收到的响应帧显示在响应
                                          区的文本框中
End If
```

⑤ 双击"退出"按钮控件，进入程序代码编辑窗口，在其 Click 事件中输入以下代码。

```
    MSComm.PortOpen=False                 '关闭串口
End                                       '结束程序
```

A.2 命令和响应自动发收

1）界面制作步骤

① 打开 Visual Basic 6.0，建立一个新工程。

② 在窗体上安排一个 MSComm 控件，作为串行通信的通道。

③ 安排一个 Timer 控件，并设置其 Interval 属性为 100(单位为 ms)，每 100 ms 便会执行一次定时器内的程序，用于向 PLC 发送命令和读取响应。

④ 安排两个 Label 对象，其 Caption 属性分别为"命令区"和"响应区"，用于提示。

⑤ 安排两个文本框控件，分别对应命令区和响应区，用于填写命令和接收到的响应的显示。

⑥ 安排两个命令按钮控件，在其 Caption 属性中分别填入"启动定时器"和"清空响应区"。

⑦ 安排一个命令按钮，在其 Caption 属性中填入"退出"，用于结束程序。

2）代码编写

① 单击窗体的空白处，进入程序代码编辑窗口，在 Form_Load 事件中输入以下代码，进行定时器控件和串行通信控件的初始化工作。

```
Timer.Enabled=False                       '关闭定时器
```

```
MSComm.CommPort=1                    '使用串口Com1
MSComm.Settings="9600,E,7,2"         '波特率9600,偶校验,7位数据位,2位停止位
MSComm.PortOpen=True                 '打开通信端口,准备通信
```

② 单击定时器控件,进入程序代码编辑窗口,在其Timer事件中输入以下代码。

```
Dim strSend As String                '发送命令
Dim strOutput As String
strSend=TxtSend.Text                 '读入命令
strOutput=strSend + FCS(strSend) + "*" + Chr$(13)
                                     '组帧,其中FCS为计算校验码函数
MSComm.Output=strOutput              '利用串口向PLC传输命令帧
Dim strReceive As String             '接收响应
If MSComm.InBufferCount<15 Then
    strReceive="响应帧未读完或通信出现故障,请稍后再试"
Else
    strReceive=MSComm.Input          '接收响应
    TxtReceive.Text=strReceive + Chr(13) + Chr(10) + TxtReceive.Text
                                     '分行显示
End If
```

③ 编制计算输入帧的校验码的FCS函数,在程序代码编辑窗口,输入以下代码。

```
Function FCS(ByVal InputStr As String) As String
    Dim Slen,i,Xorresult As Integer
    Dim Tempfes As String
    Slen=Len(InputStr)               '求输入字符串长度
    Xorresult=0
    For i=1 To Slen
        Xorresult=Xorresult Xor Asc(Mid$(InputStr,i,1))
                                     '按位异或
    Next i
    Tempfes=Hex$(Xorresult)          '转化为十六进制数
    If Len(Tempfes)=1 Then Tempfes="0" + Tempfes
    FCS=Tempfes
End Function
```

其中:参数InputStr为待添加校验码的命令;

返回值为该命令的校验码。

④ 双击"启动定时器"按钮控件,进入程序代码编辑窗口,在其Click事件中输入以下代码。

```
Timer.Enabled=Not Timer.Enabled      '切换定时器状态
If (Timer.Enabled=True) Then
    CmdChangTimer.Caption="关闭定时器"
Else
```

```
    CmdChangTimer.Caption="启动定时器"
End If
```

⑤ 双击“清空响应区”按钮控件，进入程序代码编辑窗口，在其 Click 事件中输入以下代码。

```
TxtReceive.Text=""
```

⑥ 双击“退出”按钮控件，进入程序代码编辑窗口，在其 Click 事件中输入以下代码。

```
Timer.Enabled=False                    '关闭定时器
MSComm.PortOpen=False                  '关闭串口
End                                    '结束程序
```

A.3 响应帧的数据分析及状态显示

1）界面制作步骤

① 打开 Visual Basic 6.0，建立一个新工程。

② 在窗体上安排一个 MSComm 控件，作为串行通信的通道。

③ 安排四个 Shape 控件，其 Shape 属性设为 Circle，FillColor 颜色属性设为白色，用于显示响应帧中的指定的数据位上的状态。

④ 安排四个 Label 对象，其 Caption 属性分别为“第一位”至“第四位”，用于提示。

⑤ 安排两个 Label 对象，其 Caption 属性分别为“命令区”和“响应区”，用于提示。

⑥ 安排两个文本框控件，分别对应命令区和响应区，用于填写命令和接收到的响应的显示。

⑦ 安排两个命令按钮控件，在其 Caption 属性中分别填入“发命令”和“接受响应”，用于命令的发送和响应的接收。

⑧ 安排一个命令按钮，在其 Caption 属性中填入“状态显示”，用于分析响应帧并显示指定数据位的状态。

⑨ 安排一个命令按钮，在其 Caption 属性中填入“退出”，用于结束程序。

2）代码编写

① 单击窗体的空白处，进入程序代码编辑窗口，在 Form_Load 事件中输入以下代码，进行串行通信控件的初始化。

```
MSComm.CommPort=1                      '使用串口 Com1
MSComm.Settings="9600,E,7,2"           '波特率 9600，偶校验，7 位数据位，2 位停止位
MSComm.PortOpen=True                   '打开通信端口，准备通信
```

② 双击“发命令”按钮控件，进入程序代码编辑窗口，在其 Click 事件中输入以下代码。

```
Dim strSend As String
Dim strOutput As String
TxtReceive.Text=""                     '清空响应区
ShpFirst.FillColor=RGB(255,255,255)    '设置 Shape 控件的初始状态为白色
ShpSecond.FillColor=RGB(255,255,255)
```

```
ShpThird. FillColor=RGB(255,255,255)
ShpFourth. FillColor=RGB(255,255,255)
strSend= TxtSend. Text                    '从命令区的文本框中读取命令(不含校验码
                                           和结束码)
strOutput=strSend + FCS(strSend) + "*" + Chr$(13)
                                          'FCS为计算校验码的函数,给命令添加校验
                                           码和结束码,组成命令帧
MSComm. Output=strOutput                  '利用串口向 PLC 传输命令帧
```

③ 编制计算输入帧的校验码的 FCS 函数,在程序代码编辑窗口,输入以下代码。

```
Function FCS(ByVal InputStr As String) As String
    Dim Slen,i,Xorresult As Integer
    Dim Tempfes As String
    Slen=Len(InputStr)                    '求输入字符串长度
    Xorresult=0
    For i=1 To Slen
        Xorresult=Xorresult Xor Asc(Mid$(InputStr,i,1))
                                          '按位异或
    Next i
    Tempfes=Hex$(Xorresult)               '转化为十六进制数
    If Len(Tempfes)=1 Then Tempfes="0" + Tempfes
    FCS=Tempfes
End Function
```

其中:参数 InputStr 为待添加校验码的命令;

返回值为该命令的校验码。

④ 双击“接受响应”按钮控件,进入程序代码编辑窗口,在其 Click 事件中输入以下代码。

```
If MSComm. InBufferCount < 15 Then
    TxtReceive. Text="响应帧未读完或通信出现故障,请稍后再试"
Else
    MSComm. InputLen=15
    TxtReceive. Text=MSComm. Input        '将计算机接收到的响应帧显示在响应区的文
                                           本框中
    CmdShow. Enabled=True                 '使能“状态显示”按钮
    MSComm. InBufferCount=0
End If
```

⑤ 双击“状态显示”按钮控件,进入程序代码编辑窗口,在其 Click 事件中输入以下代码。

```
Dim strReceive As String
Dim strState As String
Dim StrEnd As String
Dim Num As Integer
Dim strResultComm As String
```

```
Dim i As Integer
Dim ReturnFCSString As String
Dim FCSString As String
Dim strTempState As String
Dim strChange,strSum As String
Dim strBit As String
Num=4                                          'Num——PLC响应帧中正文的长度
strReceive=TxtReceive.Text

'结束码判断
StrEnd=Mid$(strReceive,Len(strReceive)-Num-5,2)
If StrEnd="13" Then
       strResultComm="Error"
ElseIf StrEnd="14" Then
       strResultComm="Error"
ElseIf StrEnd="15" Then
       strResultComm="Error"
ElseIf StrEnd="18" Then
       strResultComm="Error"
ElseIf StrEnd="A3" Then
       strResultComm="Error"
ElseIf StrEnd="A8" Then
       strResultComm="Error"
End If

'响应帧校验
StrEnd=Mid$(strReceive,1,Len(strReceive)-4)
ReturnFCSString=Mid$(strReceive,Len(strReceive)-3,2)
FCSString=FCS(StrEnd)
If FCSString <> ReturnFCSString Then
       strResultComm="Error"
End If

'对正确的响应帧进行数据分析并显示状态
If strResultComm <> "Error" Then
       strState=Mid$(strReceive,Len(strReceive)-Num-3,Num)

'十六进制数转换为二进制字符串
    For i=1 To Num Step 1
      strTempState=Mid$(strState,i,1)
```

```
        strChange=CmpStrChange(strTempState)
                                        'CmpStrChange 函数将用十六进制数表示的
                                         字符串转变成用二进制数表示的字符串
        strSum=strSum + strChange
      Next I

'分析指定数据位的值
      strBit=Mid$(strSum,16,1)
      If strBit="1" Then
        ShpFirst.FillColor=RGB(255,0,0)
      ElseIf strBit="0" Then
        ShpFirst.FillColor=RGB(255,255,255)
      End If
    strBit=Mid$(strSum,15,1)
    If strBit="1" Then
      ShpSecond.FillColor=RGB(255,0,0)
    ElseIf strBit="0" Then
      ShpSecond.FillColor=RGB(255,255,255)
    End If
    strBit=Mid$(strSum,14,1)
    If strBit="1" Then
      ShpThird.FillColor=RGB(255,0,0)
    ElseIf strBit="0" Then
      ShpThird.FillColor=RGB(255,255,255)
    End If
    strBit=Mid$(strSum,13,1)
    If strBit="1" Then
      ShpFourth.FillColor=RGB(255,0,0)
    ElseIf strBit="0" Then
      ShpFourth.FillColor=RGB(255,255,255)
    End If
End If
```

⑥ 编制计算 CmpStrChange 函数，在程序代码编辑窗口，输入以下代码。

```
Function CmpStrChange(ByVal InputStr As String) As String
Dim TempStr As String
Dim ReturnStr As String

TempStr=InputStr                    'InputStr——上位机传送到 PLC 的一帧数据

'字符格式转换
```

```
If TempStr="0" Then
    ReturnStr="0000"
ElseIf TempStr="1" Then
    ReturnStr="0001"
ElseIf TempStr="2" Then
    ReturnStr="0010"
ElseIf TempStr="3" Then
    ReturnStr="0011"
ElseIf TempStr="4" Then
    ReturnStr="0100"
ElseIf TempStr="5" Then
    ReturnStr="0101"
ElseIf TempStr="6" Then
    ReturnStr="0110"
ElseIf TempStr="7" Then
    ReturnStr="0111"
ElseIf TempStr="8" Then
    ReturnStr="1000"
ElseIf TempStr="9" Then
    ReturnStr="1001"
ElseIf TempStr="A" Or TempStr="a" Then
    ReturnStr="1010"
ElseIf TempStr="B" Or TempStr="b" Then
    ReturnStr="1011"
ElseIf TempStr="C" Or TempStr="c" Then
    ReturnStr="1100"
ElseIf TempStr="D" Or TempStr="d" Then
    ReturnStr="1101"
ElseIf TempStr="E" Or TempStr="e" Then
    ReturnStr="1110"
ElseIf TempStr="F" Or TempStr="f" Then
    ReturnStr="1111"
End If
CmpStrChange=ReturnStr
End Function
```

⑦ 双击“退出”按钮控件，进入程序代码编辑窗口，在其 Click 事件中输入以下代码。

```
MSComm.PortOpen=False                    '关闭串口
End                                      '结束程序
```

参考文献

[1] 张建民. 机电一体化系统设计[M]. 北京:高等教育出版社,2001.

[2] 孙宝元,杨宝清. 传感器及其应用手册[M]. 北京:机械工业出版社,2004.

[3] 杨宝清. 现代传感器技术基础[M]. 北京:中国铁道出版社,2001.

[4] 孙旭松,胡雪梅. PLC 与上位机的高速通信实现[J]. 科技资讯,2006(25):65.

[5] 徐世许. 可编程序控制器原理·应用·网络[M]. 合肥:中国科学技术大学出版社,2007.

[6] 李艳杰,于艳秋,王卫红. SIEMES S7-200PLC 原理与实用开发指南[M]. 北京:机械工业出版社,2009.

[7] 艾默生网络能源有限公司. TD900 系列通用变频器使用说明书. 2005.

[8] 王永华. 现代电气控制及 PLC 应用技术[M]. 北京:北京航空航天大学出版社,2008.